陈艺熙——编著

酸葡萄定律

中国纺织出版社有限公司

内 容 提 要

人们在内心的需求得不到满足的情况下，会寻求自我安慰，以减轻压力、消除不安，使自己从不满、不安等消极心理状态中解脱出来，保护自己免受伤害，这就是"酸葡萄定律"。学习和运用"酸葡萄定律"，能让我们在遭遇人生困境与压力时调整心态，获得能量，重燃战斗力。

本书从心理学的角度出发，结合妙趣横生的小故事，让我们在轻松的阅读中，了解什么是"酸葡萄定律"，引导我们了解和学习如何屏蔽伤害、进行自我安慰，进而化解生活中常见的困惑和问题。希望本书能对一些迷茫中的读者有所帮助。

图书在版编目（CIP）数据

酸葡萄定律 / 陈艺熙编著. -- 北京：中国纺织出版社有限公司，2024.7
ISBN 978-7-5229-1610-1

Ⅰ. ①酸… Ⅱ. ①陈… Ⅲ. ①心理学—通俗读物 Ⅳ. ①B84-49

中国国家版本馆CIP数据核字（2024）第070480号

责任编辑：柳华君　　责任校对：高　涵　　责任印制：储志伟

中国纺织出版社有限公司出版发行
地址：北京市朝阳区百子湾东里A407号楼　邮政编码：100124
销售电话：010—67004422　传真：010—87155801
http://www.c-textilep.com
中国纺织出版社天猫旗舰店
官方微博 http://weibo.com/2119887771
天津千鹤文化传播有限公司印刷　各地新华书店经销
2024年7月第1版第1次印刷
开本：880×1230　1/32　印张：6.25
字数：105千字　定价：49.80元

凡购本书，如有缺页、倒页、脱页，由本社图书营销中心调换

前　言

伊索寓言中有个《狐狸与葡萄》的故事：

炎炎夏日，一只饥渴难耐的狐狸路过一个葡萄架，葡萄架上有很多熟透了的葡萄，看起来香甜多汁，此时一只猴子正坐在葡萄架上优哉游哉地吃着葡萄。狐狸看到后也想摘一串葡萄吃，于是它向前一冲、纵身一跃，但是根本够不到葡萄。第一次失败后，狐狸又尝试了几次，但都失败了，它始终没吃到葡萄，看到惬意地吃着葡萄的猴子，狐狸醋意大发、妒火中烧，不屑地对猴子说："我敢肯定这葡萄是酸的！"

狐狸的言下之意是，葡萄是酸的，即使跳得很高，摘到了葡萄，也是没法吃的。这样，狐狸也就"心安理得"地走开，寻找其他好吃的食物去了。

狐狸吃不到葡萄，就说葡萄是酸的，这是一种自我安慰心理，这种心理的根源是狐狸的嫉妒心。有的人得不到某种东西，就找借口贬低它，以此平衡自己的心理，心理学上称这种心理为"酸葡萄心理"。所谓"酸葡萄心理"，实质上就是自己的欲望得不到满足时，为了消除内心的不平衡，而故意编造出一些"理由"进行的自我安慰。

这篇寓言的本意,是讽刺某些人善于找借口,以求心理平衡。不过,"一千个读者有一个哈姆雷特"。人们也从这篇寓言中看到了"酸葡萄心理"的积极面:狐狸说"吃不着的葡萄是酸的",虽然是在找借口,但是也让自己获得了心理平衡,这就是心理学上所说的"自我保护"。

实际上,我们在生活中,不是也常常有这种心理吗?例如,我们在吃饭或刷碗时不小心打碎了碗,说一句"碎碎(岁岁)平安";家中被贼偷了,说一句"破财免灾"。这样的自我安慰,是不是比愤怒、抱怨要好得多呢?

因此,"吃不着的葡萄是酸的",既有消极的一面也有积极的一面。另外,我们在遭遇挫折或心理压力时,也可以采取这种"歪曲事实"的方法求得心理平衡,尤其是当你感到压力很大却无能为力时,用这种方式保护自己,能防止自己走向极端。可见,任何一件事物都有正反两种意义,只要能起到减轻心理压力的作用,使心理得以平衡,就有其实际意义,这就是"合理化"的酸葡萄定律。当然,在调整自我后,我们不能总是停滞不前,还应重新迸发、解决问题。

那么,我们该如何运用"酸葡萄定律"寻求心理平衡呢?这就是我们在本书中要阐述的内容。

本书是一本温馨励志的心理读物,从心理学的角度入手,围绕"酸葡萄定律"展开,带领我们了解在遇到压力和人生困境时如何平衡心态、调整自我,并在获得能量后重新出发。相信在阅读本书后,你能有所收获。

编著者

2023年12月

目 录

第一章 学习酸葡萄定律，了解让自己免于受伤的方法 　001

酸葡萄定律与阿Q精神异曲同工　003
改变一下视角，没有解决不了的难题　007
葡萄酸不酸，你自己说了算　010
环境再恶劣，也要保持好心情　014
以乐观的心态面对生活，烦恼根本不存在　018
凡事多往好处想，从消极状态中解脱出来　021

第二章 吐吐槽，酸一下，大胆调侃让心情不再灰暗 　025

开个玩笑，让生活更开心　027
开开自己的玩笑，让尴尬一扫而空　031
找个借口，能让自己摆脱面子问题　034
幽默一下，让你的境地"转危为安"　037
内心烦恼时，何不找人倾诉一下　041
合理宣泄心中的烦闷　044

第三章　转移注意力，敢于舍弃才能化解内心不安　　047

敢于舍弃是一种智慧　　049
所有的烦恼，都来源于放不下的欲望　　053
卸下压力，用酸葡萄心理进行自我调节　　056
适度负重，才能轻松前行　　060
学会遗忘，才能迎接崭新的明天　　062

第四章　不酸不慕，不属于自己的东西再喜欢也不嫉妒　　067

你之所以"酸"，是因为不自信　　069
学会正视嫉妒，让内心更轻松　　073
与其嫉妒他人的成功，不如自己努力向前　　077
越比较，你就会越发嫉妒　　082
尺有所短，寸有所长　　086
放下心中的怨恨，化嫉妒为动力　　090

第五章　告别患得患失，用酸葡萄心理让内心重获安宁　　093

自我安慰，缓解内心焦虑　　095

悲观，会让你内心更加煎熬	098
做你自己，无须讨好任何人	102
随时随地，放松身心	107
转移注意力，淡化焦虑	110
塞翁失马，焉知非福	112
酸葡萄心理，能让你苦中作乐	115

第六章 用酸葡萄心理看待挫折，挫折是对人生的一种锻炼 — 119

无法避免的挫折，就将其合理化吧	121
挫折并不是坏事，它可以锻炼你的忍耐力	125
失意时自我安慰，别让"生气"伤了你的元气	128
调整情绪，迎难而上	131
既然痛苦无法回避，就接纳它	135
既已失败，微笑接纳并迅速作出调整	139

第七章 命运抛来酸柠檬，你也要把它做成甜的柠檬汁 — 143

平衡心理，无须相互攀比	145
生活是酸还是甜，由你自己决定	149
活在当下，别为明天烦恼	152

想要拥抱好情绪,就要有阳光的心态 157
失败时,最好的态度就是接受并乐观面对 159
你选择了快乐,快乐就会选择你 162

第八章 利用心理暗示的力量,自动将负面暗示关在门外 167

自我屏蔽,别让那些负面暗示伤害你 169
"酸葡萄心理"是一种积极的心理暗示 173
积极的心理暗示,让你以崭新的姿态迎接美好生活 176
调整心态,以好的精神面貌应对困难 179
你把自己想象成怎样,你就会有怎样的方向 183
心门的钥匙掌握在我们自己手中 186

参考文献 189

第一章

学习酸葡萄定律,了解让自己免于受伤的方法

酸葡萄定律与阿Q精神异曲同工

阿Q对我们来说是一个并不陌生的名字，在鲁迅先生的描绘下，他跃然于纸上。而对阿Q精神，人们却褒贬不一，有人感到不屑，有人却崇尚阿Q精神的积极性，甚至有人坦言"生活需要阿Q精神"。很多时候，我们会发现，阿Q不仅仅出现在鲁迅先生的小说里，还经常出现在生活中，或许，在我们身边就有这样一个人。阿Q身上有一个引人注意的特点：他在挫败或生气时都会以虚幻的胜利感来安慰自己或欺骗自己。由此，人们将这一情绪调节法称为"精神胜利法"。在现实生活中，良好的情绪是需要精神胜利法的，或许，我们可以说精神胜利法是调节情绪的有效方法，如果能运用恰当，那么，良好的情绪会助我们走上成功之路。

在未庄，阿Q是一个极其卑微的人物，但在他看来，整个未庄的人都不在自己的眼里。赵太爷进城了，阿Q并不羡慕，还说出了妄自尊大的话来："我的儿子将来比你阔得多。"阿Q进了几回城，变得十分自负，甚至有点瞧不起城里人，遇到别人嘲笑自己头上的癞疮疤时,阿Q也不生气,反而以此为荣,笑着回答:"你还不配。"

在未庄,阿Q经常被欺负,有时候,他被一些闲人揪住辫子往墙上碰,他就会说:"打虫豸,好不好?我是虫豸,你还不放吗?"有人说:"阿Q,你怎么如此自轻自贱?"阿Q听了也不生气,反而自诩"自轻自贱第一名",毕竟所谓的状元不也是"第一名"吗,那么,自己的这个名号似乎并不吃亏。

与别人打架的时候,如果是自己吃亏了,阿Q也不生气,心想:"我总算被儿子打了,现在世界真不像样……"于是,本来愤愤不平的心理也得到了满足,以胜利的姿态回去了。赌博赢来的钱被人抢走了,阿Q也不气恼,如果没有办法摆脱"闷闷不乐",他就自己打自己,这样感觉被打的是"另外一个",这样,阿Q在精神上又一次转败为胜。

精神胜利法就如同麻醉剂,让阿Q一次次摆脱内心的烦恼,变得无比快乐。阿Q依然是阿Q,面临绝望的物质困境,他只能用精神来安慰自己。生活中的我们,依然可以用阿Q精神来摆脱不良情绪的困扰:受到了他人的辱骂,可以想"幸好失去内涵修养的人是他而不是我";受到了不公正的待遇,可以想"至少我能公正地对待他人"。以精神上的胜利安慰生气的自己,这样一来,内心的愤怒情绪就会消失不见。

在小说里，阿Q的形象似乎很可笑，但是，在一个充满苦难的年代，阿Q只能以这样无奈的方式来维持自己活下去的信心与勇气。对此，有心理学家研究了阿Q的行为特点，并表示"阿Q的精神胜利法实际上是一种自我心理调节，对人们调节心理或情绪十分有帮助"。当然，我们应当获取的是阿Q精神胜利法的积极面，遇见令人生气的事情，幽默一笑，不仅快乐了自己，而且将快乐带给了别人。这样看来，阿Q所制造并享受到的快乐，实际上比那些所谓的有钱人更多。

孔子曾这样评价自己的得意门生颜回："一箪食，一瓢饮，在陋巷，人不堪其忧，回也不改其乐。"颜回以求道为乐，他获得了轻松自在的生活。虽然，阿Q与颜回大为不同但他们有一个共同的特点，即都掌握了快乐的哲学，学会了调节情绪的有效方法。的确，那些掌握了精神胜利法的人，是不会生气的，或者，即使他心中有气，也仍然会因精神上的胜利而变得快乐起来。

日常生活中，我们常听到有人抱怨："真是，差点被气死了。"其实，愤怒的主要原因在于自己心胸狭窄。三国时期，周瑜才能过人，但终因自己心胸狭窄，在诸葛亮的"攻心"之下被活活气死，临终前，他还发出"既生瑜，何生亮"的感叹。同样拥有卓越才华的司马懿，却善于运用阿Q精神，即使诸葛亮派人送来了"巾帼女衣"对其进行羞辱，司马懿也丝毫不生气,反而笑着对下面的人说:"孔明视我为妇人焉。"若无其事地将阿Q精神发挥到极致。阿Q精神可以有效地避免自己生气,所以,学学阿Q精神,学做一个不生气的智者吧!

改变一下视角，没有解决不了的难题

遇到难以解决的问题时，聪明人可以把复杂问题简单化，不聪明的人却会把简单的问题复杂化。事实上，解决复杂问题时能够化繁为简，就是发现了一种新的视角，开启新的视角，就会产生新思路。

没有绝对解决不了的难题，有的人之所以陷入僵局，只是因为按部就班，不会转换角度。在这个世界上，从来没有绝对的失败，有时只需稍微调整一下思路、转变一下视角，失败就有可能向成功转化。

谁都希望前进的道路畅通无阻，然而总有意想不到的事情干扰着我们，打乱我们原有的计划。为了完成目标，为了成就梦想，我们给自己设定了一个又一个目标，朝着前进的方向百折不挠地走去。但当种种困难挡在我们面前的时候，计划便难以实现，看不到成功的彼岸。

这个世界上没有一成不变的事物，唯一不变的就是变化。聪明的人懂得适时而动，适时而变，"穷则变，变则通，通则久"。

古时候，有一位皇帝南巡，沿途州县得到消息，都会预先做好准备，如果在自己的境内出了什么差错，那将是谁都承担不起的大罪。

这时候，沿江一个小县忽然天降暴雨，山体滑坡，山石泥土将县城外唯一的一条官道给堵住了。雨停了之后，县令赶紧组织人手清理道路。碎石杂物还好说，很快被清理出去了，但有块巨大的山石横在路上挡住了道路。石头太大了，人们找不到着力点，很难抬动它们。这时，有人建议回县城取来绳索木杠做一个绞盘移动大石，但是这样要费很大周折，而皇帝南巡的车队很快就要过来了。

县令皱着眉头围着大石转了两圈儿，忽然眼前一亮，吩咐手下人在大石头旁边挖个坑，然后把大石头推进去填平。大伙儿赶紧实施，挖坑、埋石、运走泥土、压实路面，忙乱但有序。

第二天，南巡的车队来了，只见这里道路畅通、路面平整，大队人马顺利地通过了。本地县令因调度有方，得到了上司的嘉奖。

世事变化无常，做事情不能因循守旧、墨守成规，而要灵活应对，根据事物的发展变化审时度势地做出果断的改变，这是成事的关键因素。

同一件事，同一个问题，从不同的角度看，就会产生不同的感觉和不同的想法。每个人都希望自己做事能有一个好的角度,从而把事情做得尽善尽美。这种好的角度当然要从思考中得来。突破常规思维,从其他的角度进行思考,往往能够柳暗花明。思维方式灵活多变,就能出奇制胜,所以往往能取得意想不到的成功。对同一个问题,用两种不同的角度去看,可能会得到截然相反的答案。所以,当我们做事时,不妨选择一个好的角度。有一个好的角度,事情就成功了一半。

在生活中,人们解决问题时常会遇到瓶颈,这是由人们的思维停留在固定的角度造成的,如果能换一换视角,情况就会改观,就会有新的变化与可能。换个角度,就换了一种思路,就打破了自己的习惯思维和固有思维,这样必然会有不一样的结局。

葡萄酸不酸，你自己说了算

有人感叹："每个人都生活在自己的围城里，巨大的竞争压力使人们渐渐忘记了自我欣赏和肯定，进而迷失了目标和方向。"其实，快乐是一种由心而生的乐观心态，它来源于人们克服困难的勇气和对生命归宿的信仰。同样的道理，情绪也是由心而生，同时，也由心来控制。那么，我们该如何调整情绪，给自己一份快乐的心情呢？当然，快乐并不在于财富的多少，而是与人们的信念、家庭、自我价值感和个人情绪有关，好心情是个人愿望达成之后积极的情感体验，因此，合理的期望将直接决定快乐的程度。

有一个从小成长在孤儿院的小女孩，她常常悲观地问院长："像我这样没人要的孩子，活着究竟有什么意思呢？"每次，院长都是笑而不语。

有一次，院长交给女孩一块石头，对她说："明天早上，你拿着这块石头到市场上去卖，但不是真卖，记住，无论别人出多少钱，绝对不能卖。"第二天，女孩拿着石头蹲在市场的角落，不少人对她的石头感兴趣，而且，价钱越出越高。回到孤儿院，女孩兴奋地向院长报告情况，院长笑了笑，吩咐她明天把石头拿到黄金市场上卖。在黄金市场上，有人出比昨天高十倍的价钱买这块石头。

后来，女孩又将石头拿到宝石市场上卖，结果，石头的身价又涨了十倍，可是，女孩怎么都不卖，人们将那块石头视为"稀世珍宝"。女孩高兴地捧着石头回到孤儿院，向院长问道："为什么会这样呢？"院长望着孩子缓缓说道："生命的价值就像这块石头一样，在不同的环境下就会有不同的意义。虽然，它只是一块不起眼的石头，但你的珍惜提升了它的价值，令它成为稀世珍宝。你不就像这块石头一样吗？只有自己看重自己，珍惜自己，生命才有意义。"

如果自己都不看重自己，不珍惜自己，别人又怎么会看重你呢？生命的价值往往取决于自己的心态，你自己珍惜自己，看重自己，别人才会认同你的价值。乾隆皇帝下江南的时候，站在桥头之上，问身边的大臣："桥下熙熙攘攘的船有多少条？"大臣回答说："两条，一条是名，一条是利。"船尚且如此，更何况人呢？人们往往为名所累，为生计而忙碌奔波，他们常常因各种事情而灰心丧气、情绪失落、患得患失。但是，人生苦短，怎能让苦恼常相伴呢？

在生活中，许多人认为有怎样的环境就会造就什么样的人生，其实，这并不是绝对的，因为无论是情绪还是心态都是由我们自己的心所决定的。

有两位老太太，在生命的最后旅程里，一位选择坐在家里，足不出户，颐养天年；一位开始学爬山，在95岁高龄时登上了日本的富士山，打破了攀登者年龄的最高纪录。情绪大多来源于人们看待事物的方式，一旦理解上出现了问题，往往会产生不正常的情绪反应，从而导致不同的行为。事实上，情绪由心而生，也由心来掌控，所以，别生气，争做情绪的主人。

哲人说："要么你去驾驭生命，要么让生命驾驭你，你的心态决定谁是坐骑，谁是骑者。"最快乐的人并不是觉得一切东西都是最美好的，他们只是满足于自己所拥有的一切；最快乐的人并不是觉得人生就是一帆风顺的，他们会用积极的心态面对生活中的风浪。其实，决定一个人命运的关键就是心态。

一个人要想主宰自己的人生，就必须培养自己的良好心态。当一个人有了良好的心态，才能控制情绪，才能享受生活赋予的快乐和幸福，不要让消极的念头占据你的思想，在任何时候都应该保持积极乐观向上的心态。

人生并非只有愤怒和无奈，因为情绪是可以由我们自己把握和调控的,情绪是人生的控制塔,一个人有什么样的情绪,就会有什么样的生活和命运。心态也是这样,有乐观心态的人,他们的情绪大多时候会处于平静状态,从而做出理智的行为;有悲观心态的人,他们的情绪大多时候都会处于抑郁状态,也就难以处理好手头的事情。但是,无论一个人多么有能力,如果缺乏好的心态,就什么事情都做不成。良好的心态能产生巨大的力量,有了它,我们就能把握自己的命运,从而实现人生的理想。

环境再恶劣，也要保持好心情

在生活中，无论我们置身多么糟糕的环境，只要我们的心境还算平静，那所有的情况都不算糟糕。没有不好的环境，只有不静的心境。有时候，阻碍我们前进的并不是外在的环境，而是我们内心不安定的心境。虽然，外在的境遇是我们不能改变的，但心境是可以改变的。改变了心境，就相当于改变了环境。所谓"境由心生"，我们心境怎么样，环境就会变得怎么样，我们可以改变心境，让心境与环境合拍，从而改变不好的环境。一个人若是拥有了不安定的心境，无论他处于多么顺利的环境之中，都会感到异常苦闷；反之，一个人若是拥有了生活的热情、乐观的心境，那不管他处于什么样恶劣的环境，依然可以过得快乐幸福。

一位将军去沙漠参加军事演习，他的妻子塞尔玛需要随军生活在陆军基地里。沙漠干燥高热的气候令塞尔玛感到很难受，而身边又没有可以倾诉的人。陷于孤独的塞尔玛经常给父亲写信，在信中透露出自己想回家的强烈愿望。然而，拆开父

第一章 学习酸葡萄定律，了解让自己免于受伤的方法

亲的回信，塞尔玛只看见了短短的两行字："牢中的两个人从铁窗望出去，一个看到泥土，一个却看到了星星。"父亲的回信令塞尔玛十分惭愧，她决定要在沙漠里寻找星星。

从此以后，塞尔玛开始与当地人交朋友，互相赠送礼品，闲来无事，她开始研究沙漠里的生物。慢慢地，她迷上了这里，通过亲身的经历，她写了一本名为《快乐的城堡》的书。

沙漠并没有改变，当地人也没有改变，那到底是什么使塞尔玛的生活发生了巨大的变化呢？当然是心境。以前内心烦闷的塞尔玛看到的只是泥土，当心境发生变化之后，乐观的塞尔玛在沙漠里竟然寻找到了星星。

小娜是报社的一名记者，有一次接到了一份特殊的采访任务。当她拿到被采访者的资料时，不禁有些难过，这是一个怎样的女人：丈夫早些年得了重病去世了，家里欠下了大笔的债务，有两个孩子，其中一个是残疾的，女人只是在一家小型的工厂里当女工，用微薄的薪水养着整个家，还需要还债。小娜一下午都坐在家里，想着：她家里不知道是什么样子？是不是女人和孩子都蓬头垢面，满脸悲苦？又黑又潮的小屋里会不会没有一点鲜活的色彩？自己去了，也许只会不断地听到哭诉。

那个周末，小娜满怀同情，按照地址找到那个女人居住的地方。她站在门口，有些不敢相信自己的眼睛，甚至怀疑自己找错了地方，于是向女主人核实了一遍。确认无误之后，她重新打量这个家：整个屋子干干净净，有用纸做的漂亮门帘，墙上还贴着孩子上学获得的奖状。灶台上只放着油和盐两种调味品，罐子却擦得干干净净，女人脸上的笑容就像她的房间一样明朗。小娜坐在用报纸垫着的凳子上，热情的女人为她拿来了拖鞋，小娜看见那双拖鞋居然是用旧解放鞋的鞋底做的，再用旧毛线织出带有美丽图案的鞋帮。

小娜不禁有些好奇女主人是怎么把这个家打理得这样舒适的，女主人一边干着活，一边微笑着说："家里的冰箱和洗衣机都是隔壁邻居淘汰下来送给自己的，其实也蛮好用的；工厂里的老板同事也都很照顾自己，还会让自己把饭菜带回来给孩子吃；孩子们也很懂事，做完了一天的功课还会帮忙干家务活……"

小娜听着听着，眼睛有些湿润了，感叹道："虽然你面临的环境是糟糕的，但是，你的心境却是阳光的。"这并不是同情，而是一种赞叹，赞叹女人的坚强，更赞叹女人的乐观。

故事中，女工所处的环境是相当糟糕的，但拥有阳光心境的女工却坚持下来了，不仅努力地活着，而且用自己微薄的薪水创造了一个干净而温馨的家，这确实值得我们赞叹。乐观的女工面对如此境遇还能坚强地生活下去，那我们呢？

亚伯拉罕·林肯在一次竞选参议员失败后这样说道："此路艰辛而泥泞，我一只脚滑了一下，另一只脚也因而站不稳；但我缓口气，告诉自己'这不过是滑一跤，并不是死去而爬不起来'。"在生活中，一些不好的境遇往往不期而至，不管我们接受不接受。对我们自身而言，既然那些不好的环境是无法改变的，为什么不尝试着改变自己的心境呢？

当你的心境变得阳光，你所看见的一切就都是美好的，你就不会再抱怨环境多么糟糕，而会觉得它似乎比你想象中还要好得多。没有不好的环境，只有不静的心境，当你的心境变得平静，自然就不会为那些不好的环境而生气了。

在这个世界上，根本没有不好的环境，有的只是苦闷的心境。当你感到苦闷或烦躁的时候，不妨想想，你认为的环境不好是否由于自己拥有了一份糟糕的心境呢？如果答案是肯定的，那就要尝试着改变心境，放弃苦闷的心境。以乐观的心境面对生活，你会发现，之前所认为的不好的环境并没有想象中那么糟糕。

以乐观的心态面对生活，烦恼根本不存在

哲人说："人生就像一朵鲜花，有时开，有时败；有时候面带微笑，有时候却低头不语。"人生就是这样，无论我们处于什么样的境地，只要学会看情绪晴雨表，学会调节好心情，你会发现，人生远没有想象中的糟糕，而我们遭遇的那些根本不算什么。人生注定充满曲折和困难，或许，烦恼无所不在，但是，面对这样一些事情，我们可以尝试着打开心灵的另一扇窗户，以一种积极、乐观的心态面对，你会发现，所谓的烦恼根本不存在。人生依然无限美好，问题的出现并没有改变我们的好心情。

一个老太太有两个儿子，一个卖伞，一个刷墙。老太太天天提心吊胆，闷闷不乐，因为晴天的时候，她担心儿子的伞卖不出去，下雨的时候，她又开始发愁另一个儿子没法刷墙。后来，一位智者告诉他："试着换个角度，你想想，下雨的时候伞卖得最多，那卖伞的儿子生意不正好吗？天晴的时候适合刷墙，刷墙的儿子生意也兴旺。这样一来，无论是晴天，还是雨

天，对你来说，都可以拥有好心情。所以，什么时候都是好时候，你应该选择的是一份快乐的心情。"老太太听了，笑逐颜开，再也不担心了。

每个人的心中都有一份情绪晴雨表，如果我们常常只看见阴郁的雨天，而忘记了那方晴朗的天空，我们的情绪也会变得阴郁，不由自主地以悲观、消极的心态面对生活。如此一来，那些本来看起来十分细小的事情，也会让我们火气大发，阴郁的心情甚至会蔓延开来，逐渐影响我们身边的人。心情与生活一样，是可以选择的，即使事情变得十分糟糕，我们也可以选择以快乐的心情面对。这样，我们既能看清楚事情的真实情况，又能更好地解决问题。

有一天，陆军部长斯坦顿来到林肯办公室，气呼呼地对林肯说："一位少将用侮辱的话指责你偏袒一些人。"比较内向的林肯笑着建议："你可以写一封内容尖刻的信回敬那个家伙，狠狠地骂他一顿。"斯坦顿立即写了一封语气强烈的信，然后交给总统看，林肯高声叫好："对了，对了，要的就是这个，好好训他一顿，写得真绝了，斯坦顿。"

但是，当斯坦顿把信叠好装进信封的时候，林肯却叫住他，问道："你干什么？"斯坦顿有点摸不着头脑了，说道：

"寄出去呀。"林肯大声说:"不要胡闹,这封信不能发,快把它扔到炉子里,凡是生气时写的信,我都是这么处理的,这封信写得很好,写的时候你已经解气了,现在感觉好多了吧,那么就请你把它烧掉吧。"

约翰·米尔顿说:"一个人如果能够控制自己的激情、欲望和恐惧,那他就胜过了国王。"情绪不仅是心灵健康的庇护神,在我们决胜的关键时刻也异常重要。在现实生活中,面对不同的环境、不同的对手,有时候,采用何种手段并不重要,控制好自己的情绪才至关重要。每个人都有自己的情绪,而情绪是一种抓不住的东西。但是,不管情绪如何难以琢磨,我们都应该努力控制好它,保持平静的状态,以此保持心灵健康。

凡事多往好处想，从消极状态中解脱出来

生活中，有些人常常会莫名其妙出现坏情绪。其实，他们可能并没有受到什么打击，也并非正在受什么折磨；恰恰相反，他们也许正处在人生的高峰期，不管是生活还是工作都让周围的人羡慕不已。心理学家研究统计表明，这类人心情不好的主要原因并不是生活，而是自己的心态，他们的心态是消极的，像有一把大伞遮住了他们的心灵，所以他们的心里会觉得憋闷，心情自然不会好到哪里去。

曾经有个人怀疑自己得了癌症，每天食不知味，夜不能寐，焦躁不安，好像自己真的得了癌症一样。不到10天，他的体重就下降了十几斤。后来，他去医院检查，排除了癌症的可能，才知道是自己吓自己，身体也慢慢恢复了。

相反，另外一个人，已经被医院确诊为结肠癌，但他就像完全没这回事，家人为他担心，他反倒劝慰家人，说人活一百岁也是一死，生死没什么大不了。接下来，他开始和癌症展开斗争，他坚信"两军相遇勇者胜"，于是不断地自

我暗示："我肯定能战胜病魔，我肯定能好起来"吃药时他念叨"这药很好，吃了一定有效"，走路时他想着"生命在于运动"……他长期坚持积极自我暗示，渐渐地，这种暗示对他的身心产生了良好的作用，十多年了，他病情稳定，而且很多症状慢慢消失了，他对身体的康复也越来越充满信心。

美国新奥尔良的奥施德纳诊所做过统计，在连续求诊而入院的病人中，因情绪不好而致病者占76%。这就告诉我们：情主沉浮，凡事往好的方面想，自然能战胜疾病。

生活中，无论我们遇到什么事，要想保持好心情，就要积极地自我暗示。这种自我暗示，常常会于不知不觉之中对自己的意志乃至生理状态产生影响。

自我暗示的方法有很多，你可以在心里默念，也可以大声说出来，甚至可以写在纸上，更可以歌唱或吟诵，但无论采取什么方法，都要坚持，如果你能每天进行十来分钟的练习，就能消除你长期存在的消极思想。自然，我们越经常性地选择积极向上的语言和概念，就越容易创造出积极的现实。

人们的行动受潜意识的指示，而潜意识往往受自我暗示的影响。在自我暗示的强大作用下，人们的行为、心理乃至生理，都会不自觉地朝自我暗示所指示的方向发展。也正因如此，坚持进行积极的自我暗示，具有极为深远的意义。

第二章

吐吐槽，酸一下，大胆调侃让心情不再灰暗

开个玩笑，让生活更开心

蒙田说："自责往往被人信以为真，自赞却不会被人相信。"每个人的心理都像是一个敏感的天平，稍有变化，就会失去原来的平衡，而幽默地打趣，可以使心理的天平恢复平衡。如果真的到了气头上无法遏制，可以采用"幽默发脾气法"，例如，父母为子女做好了饭菜，而子女吃完了饭就离开了，父母心中肯定不舒服，这时候，父母可以说上一句："领导，我这个服务员今天病了，是不是可以请个病假呀？"这样，既委婉地传递了自己心中的不满，让子女们意识到自己可以帮忙收拾碗筷，同时，语气诙谐幽默，更容易让他们接受。事实证明，幽默地打趣，能轻松地化开自己心中的郁结。

在古代，有个文人名叫梁灏，他曾在年少时立下誓言，自己一定要考中状元。可是，由于时运不济，他屡试屡败，受尽了人们的讥笑。不过，梁灏本人并不在意，他总是幽默地说："考一次就离状元近了一步。"在这样乐观的心理状态下，梁灏从后晋天福三年就开始考试，先后经历了后汉、后周，直到宋太宗雍熙二年才考中状元。对此，梁灏写下了这样一首诗："天福三年来应举，熙雍二载始成名。饶他白发巾中满，且喜青云足下生。观榜更无朋辈在，到家惟有子孙迎。也知少年登科好，争奈龙头属老成。"幽默伴随着梁灏走过了漫长的坎坷之途，终于走向了成功，实现了当年的誓言。不仅如此，幽默而乐观的性格让梁灏活到了古人难以达到的九旬高龄。

智者认为："愤怒或生气都是自己跟自己过不去。"其实，任何事情都不像自己想象中的那么糟糕，没有必要一直耿耿于怀。如何抑制内心的愤怒而保持平和的情绪？林则徐给了我们答案，他在堂上挂着"制怒"的字匾，这样，在自己愤怒还没有发作的时候，看到这两个字，他就能及时有效地控制住自己的怒气。

在美国南北战争时期，有一次，一位军官急匆匆地赶路，没料到，在作战部大楼的走廊上却一头撞在了林肯的身上。当军官看清被撞的是总统时，立即赔不是，那位军官恭敬地说道："一万个抱歉！"林肯诙谐地回答道："一个就足够了。"接着，林肯补充道："但愿全军的行动都能够如此迅速。"面对军官无意的冲撞，林肯没有生气，反而以幽默来化解军官的尴尬。

第二章 吐吐槽，酸一下，大胆调侃让心情不再灰暗

后来，在一次有关兵力问题的讨论中，有人问林肯："南方军队在战场上有多少人？"林肯回答说："有120万。"由于这个数字远远超过了南方军队的实际兵力，那些参与讨论的人脸上满是惊愕与疑虑，对林肯这样冒失地说出的数字，感到有点不解和愤怒。接着，林肯解释说："一点也不错，的确是120万。你们知道，我们的将军们每次作战失利之后，总是对我说寡不敌众，敌人的兵力至少是我们军队的3倍，虽然，我不愿意相信他们，但这样一来，南方的兵力无疑增加了3倍，现在我军在战场上有40万人，所以南方军队是120万，这是毫无疑问的。"

很多争吵都来自情绪，而很多纷争也都来源于情绪。我们每天都会面对不同的情绪，愤怒也是难以避免的。但是，当愤怒遇到了幽默感，不满的情绪就会自然而然地消失。

著名漫画家韩羽是秃顶，对此，他写了这样一首诗："眉眼一无可取，嘴巴稀松平常，唯有脑门胆大，敢与日月争光。"有时候，幽默地调侃自己的缺陷，能够表现出一个人坦诚的品格，从而得到别人的信赖和好感。

心理学家认为："一个人的身体状态是受其心理和精神状态影响的，大约有一半的疾病是由心理和精神方面引起的。"所以，保持心理平衡对我们的身体健康特别重要。在一些并非

原则性的问题上，可以适当幽默一下。装装糊涂，就像是为自己的心灵增加了一层保护膜。幽默是宣泄积郁、制造心理快乐的良方，一个人若是善于运用幽默的表达方式，就会使自己拥有平稳、健康的心理。

第二章 吐吐槽，酸一下，大胆调侃让心情不再灰暗

开开自己的玩笑，让尴尬一扫而空

有人说："无论你想笑别人什么，都不妨先笑你自己。"在生活中，自嘲可以说是治疗尴尬的一剂良药，遭遇尴尬时，不妨拿自己开涮，这样反而会让身边的人开怀大笑。如果有人激怒你，也没什么大不了，不妨自嘲一下，化解自己尴尬的同时，也给对方展现出自己的胸怀大度。幽默一直被人们称为只有聪明人才能驾驭的语言艺术，而自嘲又被称为幽默的最高境界。自嘲是缺乏自信者不敢使用的语言艺术，因为它要你自己骂自己，也就是要拿自身的失误、不足甚至生理缺陷来"开涮"，对丑处、羞处不予遮掩，反而把它放大、夸张、剖析，然后巧妙地引申发挥，自圆其说，博人一笑。所以说，那些善于自嘲的人，必定是智者中的智者、高手中的高手。

在一个中秋佳节，乾隆皇帝在御花园召集群臣赏月。他一时兴起提出要与纪晓岚对集句联，以增雅兴。一向自恃才高八斗、文思敏捷的乾隆先出了上联：玉帝行兵，风刀雨剑云旗雷

鼓天为阵。出完了上联,乾隆踌躇满志地望着纪晓岚,看他如何对下联。

纪晓岚沉思片刻,对出了下联:龙王设宴,日灯月烛山肴海酒地作盘。明眼人都能看出,纪晓岚的下联不但工整,而且气势宏大。可是,乾隆听了下联,脸色开始变了,一时间阴沉着脸。纪晓岚当然明白乾隆的心思,正所谓"伴君如伴虎",一向好胜的乾隆,怎么容得下自己所对出的下联呢?看来自己不该一比高低。

面对这样的情况,纪晓岚心里也很着急,但他并非等闲之辈,只见他灵机一动,巧舌如簧:"主人贵为天子,故风雨雷电任凭驱策,傲视天下;微臣乃酒囊饭袋,故视日月山海都在筵席之中,不过肚大贪吃而已。"听到纪晓岚这一番话,乾隆刚刚消失的得意之色再露,笑着对纪晓岚说道:"爱卿饭量虽好,如非学富五车之人,实不能有此大肚。"

在故事中的情况下,纪晓岚唯一的办法就是拿自己开涮,但这有什么大不了的呢?比起丢掉性命,自嘲算是很轻松的。适度的自嘲,不仅体现了良好的修养,而且化解了一场危机。

其实,自嘲是一种心理成熟的标志,懂得通过拿自己开涮的方式来平复内心的怒气,同时也化解对方的敌意,确实是高明的策略。与其跟自己斗气,还不如与他人斗心,你越是不在意，越显得自己很大度，自然就在人格上战胜了对方。而且，自嘲还会产生幽默的效果，可以挽救自己的尴尬，同时也娱乐了大家。当然，如果我们想运用自嘲的语言艺术，那我们首先应具备豁达、乐观、洒脱的心态，如果缺少这些特质，我们是没办法自嘲的。

那些在生活中斤斤计较、尖酸刻薄的人是难以自嘲的，他们只会跟别人争执，把场面搞得更僵，因为他们没有勇气拿自己开涮，更重要的是，他们一直纠结在自己被人攻击的心理中，在狭隘的心理的作用下，他们会想办法报复，而不是以自嘲化解尴尬。在日常交际中，就语言表达艺术而言，自嘲是最安全的，因为它伤害不了任何人，除了自己。

在生活中，如果有人想贬低我们，不管是有意的还是无意的，不可避免地会让我们心生不快，这时如果我们以犀利的语言还击，那自然会让场面更加难堪。在这样的情况下，拿自己开涮才是上上之策，不仅挽救了尴尬的局面，而且显示了自己的大度。

找个借口，能让自己摆脱面子问题

常言道，尺有所短，寸有所长。一个人即使能力再强，也不可能在生活和工作中面面俱到。然而，偏偏有很多人特别爱惜自己的面子，遇到任何问题，第一时间想的就是顾全自己的颜面。人们也经常说，人活一张脸，树活一张皮。假如我们失去了面子，就会导致自尊心受到严重损害，甚至觉得没脸见人。但是，我们也不能忘记，凡事过犹不及。任何事情都要把握好度，唯有如此，我们才能适可而止，否则我们一味地为了顾全面子，而不顾"里子"，那么生活必然很被动，也会失去真正的方向。

在20世纪90年代时，博士还是很少见的，因而当博士小李被分配到研究所工作时，研究所才有了第一位博士。毋庸置疑，小李是整个研究所学历最高的人。一个周末，小李闲来无事，拿起钓鱼竿去单位附近的池塘钓鱼。他没想到，所长和主任正好也在钓鱼，不过他们俩之间隔得很远。为此，小李走到他们中间的位置，也开始钓鱼。为了避免涉嫌对领导拍马溜须,小李没有和远处的所长和主任打招呼,只是对他们点了点头,笑了笑。

小李正在专心致志地钓鱼,突然看到所长放下钓鱼竿,踩着水面,去了池塘对面的公共厕所。看着所长健步如飞的模样,小李惊讶不已,心里不由得想:难道所长是传说中的武侠高手?他不好意思直接问所长,只好忍着。没过多久,位于小李另一侧的主任也站起来,趟水而过,如履平地。小李的眼珠子都快惊讶得掉下来了。但是,他还是忍住没问。他暗暗想道:"我可是个大博士啊,怎么能显得这么无知呢?"过了一阵子,小李也内急了,如果想从岸边走到池塘对面的公共厕所,至少要走十分钟。这时,小李突然壮起胆子,抬腿朝着池塘迈步,一下子就掉入池塘里,幸好所长和主任及时赶到,用竹竿把他拉上了岸。

看着狼狈不堪的小李,所长笑着问:"小李啊,你有什么想不开的事情吗?为什么要跳进池塘啊?"小李尴尬地说:"我看到你和主任都是从水里走的啊。"所长哈哈大笑,说:"我们从水里走,也没有跳到池塘里啊。你不知道,池塘两头分别有两排木桩子,可以走过去,所以我们每次钓鱼都靠近木桩,这样走过池塘去厕所很方便。你初来乍到不知道,怎么不问一下呢?难道你还真的以为自己是武侠小说中的高手啊!"

作为一名博士，小李非常迂腐，而且过于爱惜颜面。假如他能够变通一下，找个借口问问所长和主任为何能够踏水而过，也许就不会闹出这样的尴尬了。当然，如果小李不那么爱惜面子，直截了当地请教所长和主任，也就不会那么难堪了。

其实，人生并没有过不去的坎，在生死面前，一切问题都不成问题。只要我们想开了，能够坦然面对，又何必斤斤计较所谓的面子问题呢？其实，尊严就在我们的心里，只要内心坦然，就能从容应对世界。人生道路上，我们无须过于浮夸，也无须被那些奢华的语言所迷惑。我们应该自信，走出尊严的囚牢，这并非软弱无能，而是人生至高无上的智慧。

幽默一下，让你的境地"转危为安"

遭遇让人难堪的事情会让人无比尴尬，很多人都会用"恨不得找个地缝钻进去"来形容自己此时此刻的心情。处理令自己难堪的情况时要方法得当，不然会给自己留下阴影。很多时候，人们会因为没有处理好令自己难堪的情况而郁闷，心中总是反复重温悔恨之感，脑海里总是重现难堪的一幕。有时候为了化解困境，没有特别合适的方式，最好的方式就是依靠幽默的力量。用幽默来化解困境是恰到好处的，不但能使你此时的境地"转危为安"，而且可以让你每次回忆起来都引以为傲。

小李在工作单位是个热心肠，很受大家欢迎。这个年轻的女孩是个爱凑热闹的人，而且很爱发脾气。一天听闻百货公司让利大促销，她马上叫上自己的好朋友一起去抢购。到了之后发现百货公司已经是人满为患，但在便宜实惠的刺激下，小李和好友们还是努力地挤了进去。因为购物的人太多，每个人都想到自己喜欢的商品前看一眼，人们又推又挤,购物的心情大打折扣,每个人的脾气都犹如枪弹上膛,一触即发。经过一番"肉搏",小李终于买到了自己喜欢的物品,但是激动之余,她对大家没有秩序的行为很不满,结账时,她愤愤地对收银员说:"幸好我没打算在你们这儿找'礼貌',在这儿根本找不到。"面对小李突如其来的抱怨,收银员停下了手中的工作,周围的人也都把目光集中到她的身上,收银员沉默了一会儿,说:"您可不可以让我看看您的样品?"小李听闻此话先是一愣,然后略带惭愧地笑了,周围的人听了,也都意识到了问题,不再那么拥挤了,有序地挑选着商品。

收银员的幽默有些警示的意味,不但巧妙地化解了难堪的场面,而且意味深长,发人深省。

作家欧希金在他的《夫人》一书中,写到了美容产品大王卢宾斯坦女士。后来,他在自己的家里举行了一次家宴来款待他的朋友及一些社会上有名望的人。席间有一位客人不断地批评他,说他不应该写卢宾斯坦这种女人。客人的一席话让在场的其他人都觉得很窘迫,几度想改变话题,但都没有成功。这位批评欧希金的客人越发起劲,滔滔不绝,批评的内容越来越令人受不了。最后欧希金口出妙语,马上使他从窘境中脱身而出，他说："作家都是他笔下人物的奴隶，真是罪该万死。"

由上面的例子可见，用幽默摆脱窘境是巧妙的，也是高明的。幽默是一种特殊的情绪表达，它是人们适应环境的工具，是面临困境时减轻精神和心理压力的方法之一。俄国文学家契诃夫说过："不懂得开玩笑的人，是没有希望的人。"可见，生活中的每个人都应当学会幽默。多一点幽默感，就可以少一点气急败坏，少一点偏执极端。幽默可以淡化人的消极情绪，消除沮丧与痛苦。具有幽默感的人，生活中充满了情趣，许多看起来令人痛苦烦恼之事，他们都能应对得轻松自如。用幽默来处理烦恼与矛盾，会使人感到和谐愉快。

幽默不是油腔滑调，也非嘲笑或讽刺。正如有位名人所言：浮躁难以幽默，装腔作势难以幽默，钻牛角尖难以幽默，捉襟见肘难以幽默，迟钝笨拙难以幽默，只有从容、平等待人、超脱、游刃有余、聪明透彻，才能幽默。

幽默是一种智慧的表现，它必须建立在丰富知识的基础上。一个人只有拥有审时度势的能力、广博的知识，才能做到谈资丰富，妙言成趣。要使自己学会幽默，就要学会宽容大度，克服斤斤计较，同时还要乐观。乐观与幽默是亲密的朋友，生活中如果多一点趣味和轻松，多一份乐观与幽默，就没有克服不了的困难，也不会成为整天愁眉苦脸、忧心忡忡的痛苦者。

内心烦恼时，何不找人倾诉一下

心理学家指出，每个人都应该学习一些有效的心理减压方法。这样做，不但能够减轻不良事件对当事人的心理伤害，而且可以帮助我们身边的人以后更好地处理这些不良事件，何乐而不为呢？

工作和生活中，当你遇到各种压力时，或是感觉自己承受着过大的心理压力时，不妨试试倾诉法。心理学家认为，正确适当地倾诉自己的烦恼，可以帮助我们宣泄内心的压力。但值得注意的是，要注意方式和方法，否则会造成新的人际关系问题，从而带来新的烦恼。因此，在运用这种方法时，要注意以下几点：

1.交几个知心朋友

"千里难寻是朋友，朋友多了路好走""朋友是人生中宝贵的财富"，这些话都说明了朋友的重要性，也说明了人们对友情的渴望。亲密的朋友会无话不谈，即使是在很远的地方也能够感觉到彼此之间的情感，他们会互相帮助，共同成长。比如，当你不小心割伤了手指时，你一定会立刻找创口贴。而当你在心里遇到什么不开心的事情，你肯定需要有人在旁边支持你，给你打气。要很好地处理压力，那你必须要有强大的"后备力量"。也就是说，我们只有拥有几个可以掏心掏肺的知己，才能在有需要时得到帮助。

事实上，日常生活中充满了交友的机会。例如，在每天上班搭乘的公交车里、在图书馆中、在公园中遛狗时……我们可以在合适的时刻与人交谈，如两人每天上班必须搭同一班车，双方就可以展开交流，进一步成为朋友。即使没有机会，一个微笑、一句问候，都可以带给别人和自己一些温暖，让世界变得更美好。

2.注意选择倾诉的对象

当我们感觉自己内心承受了一定的压力时，要学会适当地倾诉。在选择这种方式时，一定要注意自己所选择的倾诉对象。有时，造成我们内心压力的是一些不能向外人倾诉的隐私问题，这就要求我们选择一些能够替自己严守秘密的朋友。只有选择对了倾诉对象，才不会给你以后的生活增添新的烦恼。

3.倾诉的频率

在选择倾诉对象时，有些人不喜欢选择陌生人，而会选择一些自认为比较亲密的人。不管选择什么样的人，都需要注意自己的倾诉频率，不能太过于频繁。如果你经常在某人耳边唠叨同一个问题，会给人带来厌烦的感觉，前几遍可能别人会认真倾听，再往下讲，对方也只会变得敷衍，更有甚者会造成双方关系紧张，为自己带来新的心理负担。

4.主动调整自己的不良情绪

当你向他人倾诉自己的烦恼与压力时，面对对方的开解与安慰，要主动调整自己的思维方式，顺着开解者的思维思考问题。俗话说，旁观者清，当你身陷谜团时，你可能无法全面了解当前的情况，因而内心会出现各种困惑，所以当你宣泄出内心的愤懑之情后，学会接纳别人的意见和建议，效果就会更加明显。

面对来自工作和生活的压力，我们只有学会积极主动地化解内心所承受的压力，才能保证身心的健康发展，从而为自己创造高质量的生活。如果你还在为一些事情感到心烦意乱，就大胆说出内心的苦恼吧，相信倾诉之后一定能够用好心情来面对以后的工作和生活。

合理宣泄心中的烦闷

从弗洛伊德开始，心理分析学家就知道，假如一个病人可以开口说话，仅是将话说出来，他心中的忧虑就可以消除。心理学家认为，一个人说出自己的忧虑之后，就可以更清晰地看到自己身上存在的问题，从而找到更好的解决方法。或许，其中的奥秘是无法被探知的。不过，几乎每个人都知道，倾诉心中的烦恼，或者发泄一下胸中的闷气，会让人感到浑身轻松。

英国思想家培根说："如果你把快乐告诉一个朋友，你将得到两份快乐；而如果你把忧愁向一个朋友倾吐，你将被分掉一半的忧愁。"分担是一件有趣的事情，可以让我们的快乐加倍，让我们的痛苦减半。当你发现自己被那些怒气缠绕，而且无力摆脱的时候，千万不要让它憋在心中，要学会宣泄情绪，学会向知己好友倾诉心中的烦恼，让自己摆脱闷气的缠绕。面对不良情绪，唯有主动释放，理智宣泄，否则后果将不堪设想。

当然，除了与朋友聊聊，我们还可以尝试以下方法：

1.寻找适合自己的座右铭

你可以准备一本笔记本或是剪贴簿，然后找一些鼓舞人心的座右铭，包括诗句、名人名言，等等。当你感到烦恼的时候，或者感到精神不振的时候，可以看看这些座右铭，你就会觉得不良情绪得到了缓解。

2.不要为别人的不足担心

在生活中，千万不要为别人的缺点而操心，假如你希望对方是一位圣人，那估计他只会不断让你失望。或许，当你降低了期望，就会发现他的优点。

3.上床睡觉之前，计划好明天的事情

在睡前计划好第二天需要做的事情，这样会减少我们的忧虑情绪。因为当我们真的做了计划之后，会发现自己可以完成许多事情，一切都井井有条。也可以在睡前回顾自己今天做的事，想到自己竟然完成了这么多的事情，还会感觉有些骄傲，然后就可以好好休息一下了。

第三章

转移注意力,敢于舍弃
才能化解内心不安

敢于舍弃是一种智慧

人生就像是负重前行,随着路途越来越远,我们所承受的压力也越来越大。另外,如果我们心中的欲求越多,身上的担子也会越来越重。就像一个背负重物的人,在行走的路途中,这样他也喜欢,那样他也舍不得放弃,最终,包袱就会越来越沉重,压得他弯下了腰,但是,他依然舍不得丢掉任何一样东西,只能拖着艰难的脚步,一步一步向前挪动。有时候,我们得到的东西越来越多,但是,我们感兴趣的东西却越来越少,那种来自心灵深处的快乐也丢失了,人生还是那么沉重、烦闷。对每一个人来说,当你得到的东西太多,就会失去轻松的快乐;相反,当你鼓起勇气放弃了某种东西,就有可能收获最甜的快乐。

曾经有个人,他总抱怨生活的压力太大,生活的担子太重,他觉得很累。他听人说,哲人柏拉图可以帮助别人解决问题。于是,他便去请教柏拉图。柏拉图听完了他的故事,给了他一个空篓子,说:"背起这个篓子,朝山顶走。你每走一步,就捡起一块石头放进篓子里。等你到了山顶的时候,你自然会知道解救自己的方法。去吧!去找寻你的答案吧。"于是,年轻人开始了寻找答案的旅程。

刚上路,他精力充沛,一路上蹦蹦跳跳,把自己认为最好的、最美的石头,一个一个扔进篓子里。每扔进一个,便觉得自己拥有了一件世上美丽的东西,很充实,很快乐。于是,他在欢笑嬉戏中走完了旅程的前三分之一。可是,空篓子里的石头多了起来,也渐渐重了起来,他开始感到篓子越来越沉。但他很执着,仍一如既往地前进。

而最后三分之一的旅程确实让他吃尽了苦头。他已经无暇顾及那些美丽、惹人怜爱的石头了。为了不让篓子的重量增加得太快,他毅然放弃了那些好看而沉重的石头,只挑选了些非常轻的石头放进篓子。他深知,这样的舍弃是必要的。然而,无论他挑多轻的东西放入篓子,篓子的重量也丝毫不会减少,它只会加重,再加重,直到他无力承受。最后,他只得背着越来越重的篓子,艰难地完成了这三分之一次旅程。

我们都听过这样一句话:远路无轻物。人们往往出发的时候很轻松,但越行越远就会感到举步维艰,甚至会不自觉地抱怨为什么要带上那么多的东西。但是,望着前方的路,他们依然不舍得放弃,只能挑着担子往前走,以至于达到了终点,再打开自己的担子，发现里面有很多东西都不是我们需要的。或许，对每一个即将远行的人来说，能够收获一份简单的快乐才是最重要的吧。

表姐博士毕业后留在了一所名牌大学任教，工作得心应手，很受学生们的欢迎。在三年教学过程中，表姐已经在国家级刊物上发表了十余篇论文，还出版了一部专著。很快，学校破格提拔表姐为副教授，任命其为教研室主任。对此，身边的家人朋友都为她感到高兴，大家都认为，只要表姐能够继续走下去，教授、博士生导师只不过是时间问题。可是，就在事业如日中天的时候，表姐却做了一件令大家跌破眼镜的事情，她毅然辞去了前途光明的大学教师的工作，应聘到一家著名公司做一名员工。

父母感到十分惋惜，忍不住问女儿："你以前的工作不是挺好的吗？别人都是可望而不可即，你为什么舍弃呢？"表姐却说："这么多年来，我最大的收获并不是金钱和名誉，而是努力挑战自己的乐趣。如今，如果我继续在这个岗位上工作，我会感到苦闷。一直以来，我很看重自己内心到底想要什么，所以，我鼓起了勇气选择舍弃，这样，我才能感受最甜的快乐。"

或许，在别人看来，表姐的选择并不是大家心目中完美的一跃，甚至存在着一定的风险，但是，表姐自己并不在乎世俗的衡量标准，她清楚地知道自己内心到底更想要什么，所以，她鼓起了勇气选择了舍弃。自然，在表姐的心中，她感受到了一份简单的快乐。一个人只有敢于舍弃一些东西，才能够放下心中的怨气、烦恼，也才能够轻松地争取一些东西。如果他什么都不肯舍弃，那么，他也没有多余的时间和精力去追求新的获得，不仅得不到快乐，反而会郁郁寡欢。

一个人懂得及时放弃，才能收获更多，生活也将变得更加快乐；一个人必须鼓起勇气，放手舍弃，才能远离苦闷，从而感受最甜的快乐。

所有的烦恼，都来源于放不下的欲望

在生活中，我们常常对这个世界有太多的奢求，自己没有的总是想得到，自己得到了还在期望得到更多，最后，索求的越多，得到的反而越少。其实，一个人若是怀着一种无欲无求的心态，就不会为物质所累，也不会感到烦恼了。人们总是抱怨："为什么生活中总是有那么多的烦恼呢？"烦恼到底从何处来呢？烦由心生，各种烦恼不过是因为内心的欲望，因为放不下，不舍得放弃，所以才会心生怨气。试着放下心中的万般欲望，做到无欲无求，我们就能够摆脱烦恼的笼子。

诺贝尔说："金钱这种东西，只要能解决个人的生活就行，若是过多，它会成为遏制人类才能的祸害。"波斯国王曾写信给赫拉克利特："我们希望享受你的教导和希腊文化，请你尽快到我的宫殿里来见我，在我的宫殿里，保你一切方便自如，生活富足。"赫拉克利特拒绝了波斯国王的邀请，他这样回答："因为我有一种对显赫的恐惧，我满足于我的心灵所有渺小的东西，我不能到波斯去。"在现实生活中，我们常常被心中的欲求所困扰，可能是财富，可能是显赫的地位，如果自己的一生被这些事物包裹、埋没，那么，自己也会变得烦闷。反之，放下心中的欲求，满足于普通、平淡的生活，才是一种超脱名利的幸福。

有个人一无所有，一家人住在狭小的房子里，过着拮据的生活。突然有一天，他买彩票中奖了，一下子中了五百万，有了房子和车子，有了身边的人所没有的一切。许多亲朋好友听说他中奖了，都纷纷跑到他家来借钱，如果他婉言拒绝，亲朋好友就会指着他的鼻子骂"见利忘义"。终于有一天，他无法承受这样的痛苦，背井离乡到另一个完全陌生的地方，开始新生活。

后来的日子里，虽然没有亲朋好友来借钱的烦恼，却要一切从零开始。看着剩下的大部分资金，他开始犯愁了。该如何投资呢？是存银行坐吃山空，还是用来投资股票、期货？投资亏损了怎么办？放在银行贬值了怎么办？放在家里万一被偷了怎么办？万一邻居发现自己是百万富翁怎么办？他整天为这些问题烦恼着，每一天，他都不敢过得太张扬，只是过着普通的日子，像从前那样普通，却每天都提心吊胆，担忧在别人面前显露自己的富裕。这个中奖的人在临死前，想起了以前没有钱的日子，虽然普通简单，却是人生中最幸福的时光。后来有钱了，他却大半辈子都活在担惊受怕中，最后在痛苦里郁郁而终。

欲望既可以成就伟大的人物，也可以毁掉人的一切。佛家崇尚"得大自在"的境界，一个人如果真的能做到"无欲无求"，那么，他就达到了"大自在"的境界。如果人们永远把利益摆在第一位，他们的生活就会全部是争名逐利，自己最终变得欲壑难填。

第一次世界大战期间，私人医生告诉法国总理克里蒙梭："阁下，您必须珍重自己的身体，因为您抽的烟太多了。"克里蒙梭听从了医生的劝告，他开始戒烟，但是他依然在桌子上放着雪茄盒，而且，盒子总是打开着。有一次，朋友看见了，便挖苦克里蒙梭："听说阁下已经戒烟了，但现在看来，你老毛病又犯了。"克里蒙梭回答说："胜利的喜悦必须经过艰苦的战役才能获得，将雪茄烟放在眼前，我当然会受到无法忍受的欲望的引诱，但只要忍耐下去，就会获得胜利，就能做到超出自己能力的事。"

其实，对每一个人来说，生命所需要的不过是适当的营养，营养过多反而会损害生命。所以，放下心中的欲求，放下万般牵挂，努力调整心态，真正做到无欲无求，自然就不会有怒气，从而赢得真正的胜利。

卸下压力，用酸葡萄心理进行自我调节

随着社会竞争的日趋激烈，人们面临的压力越来越大，普遍感觉生活不快乐、烦躁和痛苦。不堪背负的生活之重往往压得我们喘不过气来，我们总能听到周围的人在不停地喊累，却无法休息。如果我们无力改变，那么唯一能做的便是重新认识压力的源头，卸下身上的重担，从而调整好心态，轻松面对未知的每一天。

和大多数女孩子一样，媛媛读完了中学读大学，毕业后参加工作，每天忙忙碌碌的生活让她过得非常充实。可是，突然有一天，她发现身边的女孩子不是在热恋中，就是已经有了自己的家庭，而28岁的她依旧是一个人，她顿时感觉压力倍增。更重要的是，父母每天的唠叨也让她感觉很烦。原来总是能一觉到天亮的她开始失眠了。

媛媛不是没有人追，但以前她总是觉得自己还小，不是谈婚论嫁的时候，所以从来没有认真考虑过。即使父母多次要求她恋爱结婚，她也总是随口说一句"我知道"就敷衍过去。而现在比她小好几岁的女孩子都结婚了，环视四周，只有自己是一个人，她觉得是时候该考虑这个问题了。

可是，恋爱婚姻这种事情是需要一定的缘分的。她也试着和身边的追求者接触，可是没有一个有那种特别喜欢的感觉。父母不断催促，朋友们也帮忙介绍，可是见来见去，没有一个人能符合她的期待，媛媛烦恼不已，婚姻成为她的一个大包袱，她的失眠情况也越来越严重。

转眼一年又过去了，29岁的年纪让媛媛有点不知所措。身边的亲戚朋友也会时不时地询问，每每提及这个话题，媛媛都感觉痛苦不已。为此，她每天除了上下班之外，几乎很少外出，很少和朋友们聚会。

但是，这并没有减轻媛媛的痛苦，她经常整夜睡不着，反复思考自己为什么不能和别人一样组建家庭。媛媛无助地问自己："这到底是怎么了，难道单身有错吗？"现在的她痛苦不已，下了班不敢回家，也不敢见亲戚朋友。

故事中的媛媛从刚开始的失眠到后来的痛苦，原因是大龄的她没找到适合的恋爱对象，倍感压力。同时，亲戚朋友的关怀在一定程度上增大了她的压力，再加上来自父母的催促，更让她难以背负。

事实上，现代社会，人人都面临着前所未有的压力，我们只有学会调节自我，才能轻松生活，那么，究竟如何才能做到呢？

1.要对自己有清晰的认识

生活中，很多人对自己的认识不清晰，总觉得自己了不起，因而对自己提出了很高的要求，结果自己的能力有限，往往达不到预期的目标。他们因此对自己很失望，很不快乐。不管做什么事情，都要对自己有个清晰的认识，不要对自己有过高的期望，这样你就不会为了让自己满意而背负过重的压力，否则你只能在哀怨中对自己失去信心。

2.抱负和理想务必切合实际

小时候我们谈到自己的理想时，往往说得越天马行空，越能表现自己是个有前途的人。可是长大后，我们才发现，很多事情并不是自己想得那么简单。因此，给自己定目标的时候，一定要切合实际，千万不要好高骛远，否则，背负了过于沉重的压力，怎么会开心起来？要知道，你已经不是小孩子，而是要通过努力来实现自身价值的成年人了。

3.学会调整自己的心态

当你遭遇了失败和挫折之后，一定要调整自己的心态，千万不要在欲望的驱使下，不择手段地走你不可能走的路。要对失败和挫折要有清晰的认识，让失败和挫折激发你的斗志，千万不要因此而否定自己。你越消沉，越对自己失望，你的压力会越大。

4.要适当向生活妥协

尽管我们在祝愿别人的时候常常说"心想事成",可生活毕竟是生活,是不可能让你心想事成的。所以,对我们来说,如果心里想的事情根本就没有办法实现,那么不妨适当地向生活妥协,向自己妥协。这样,你会少了很多压力,也会多了几分轻松和快乐。否则,和生活较劲,最终输掉的还是自己。

可见,生活本身是美好的,只是我们给予自己太多的纠结,仔细想一想,这些纠结可能完全没有必要。让自己活得轻松一些不好吗?如果你感到压力太大,不妨了解压力的根源,学会卸下负担。

适度负重，才能轻松前行

背负太多重担，承受太多压力，人生的路必然会变得艰难。不过，我们也不能完全两手空空，否则我们的奋斗还有什么意义呢？这就需要我们把握好度，唯有适度负重，我们才能既轻松上路，又有资本战胜困难。在人生的路上，我们并非一味地得到，也要学会舍弃，我们要定时定期地整理自身的行囊，这样才能及时清除不需要的东西，也把那些自己真心喜欢和需要的东西放入行囊。总而言之，我们必须做到适度负重，才能轻松前行。

有些朋友也许会觉得很困惑，不知道人生中有哪些东西是我们应该保留的，而哪些东西又是我们应该及时舍弃的。其实这很简单，我们选择丢弃还是留下某些东西，完全取决于它们对我们人生的作用。假如它们是积极的，能够促进我们人生的发展，我们就要背负它们；假如它们是消极的，会给我们的人生之路带来阻碍，那么我们就要坚决舍弃。唯有如此，我们才能扔掉负担，在人生路上更快地行走。举个最简单的例子，负面情绪就是我们人生的包袱，我们要将其扔掉，才能怀着愉悦的心情不断进步。

人生减负,不但要减少内心的欲望,而且要减少情绪上的负担,唯有带着轻松愉悦的心态,我们在人生路上才能一路欢歌,一路收获。英雄不问来路,只要证明了自己的实力,就可以通过自身努力获得人生的收获。

学会遗忘，才能迎接崭新的明天

人生在世，每个人都会有各种各样的烦恼和忧愁，当然也会拥有形形色色的幸福快乐。总而言之，每个人的人生都是苦乐参半的，我们要想心平气和地生活，就要端正自己的态度，以正确的姿态迎接和拥抱生活。我们要记住生活中的快乐，记住生活中的忧愁，但也要学会遗忘。假如我们面对人生时，总是对烦恼忧愁念念不忘，日久天长，我们的脑海中就会充斥着诸多烦恼，而容不下幸福和快乐。

人生就如同一场旅行，要想轻装上阵，我们就要学会忘记那些应该忘记的一切，这样才能减轻自己的负重，让自己更加执着轻松地前行。遗憾的是，生活中偏偏有很多人都习惯于把那些该记住和不该记住的一切都记在心里，这样，他们的心情必然越来越沉重。我们唯有摆正心态，让自己的心变得轻松愉悦，人生才能更加从容不迫。毕竟，人生短短几十年，需要我们做的事情有很多，一味地记住那些不开心的事情，只会白白浪费时间和生命，徒增自己的压力。

每个人都生活在社会这个大家庭中，每个人的脾气秉性不同,生活习惯、受教育的经历、人生阅历和各种观念,都是完全不同的,所以我们应该多多反思自身,提升和完善自我。当然,人生中应该铭刻的,我们要将其镌刻在石头上;给人生带来负面影响的,我们要将其写在沙土地上,让清风吹过,水流流过,它们就会烟消云散。

除了忘记那些不愉快,我们还要学会忘记那些曾经的辉煌和成就。众所周知,好汉不提当年勇,时光荏苒,即便是再辉煌的过去,也会随着时间的流逝成为不可重回的历史。而且,过去的成就并不代表现在,我们唯有摆正心态,端正态度,再接再厉,才能更加从容不迫地面对和创造未来。

自从结婚之后,林丹和老公阿志的感情一直非常好,相处得很和睦,几乎从不吵架。然而,有了孩子后,林丹原本辞职在家抚养孩子,后来孩子断奶了,作为职业女性的林丹,当然不想继续在家荒废大好的青春年华,因而她渐渐动了心思,想让老家的婆婆来帮忙带孩子,她自己也就能够安心地去上班了。

林丹很清楚,婆婆一直在家帮着大儿子养育两个孩子,所以大儿子夫妻才能四处打工挣钱。因此,当林丹提出让婆婆过来帮忙看孩子的时候,林丹明显感觉到婆婆心中的抗拒,支支吾吾的,不敢允诺林丹什么。尽管林丹承诺只要婆婆来给自己带孩子，其他什么活儿都不用干，自己会挣钱给他们养老，然而婆婆依然不敢答应林丹。就这样，林丹愤愤然，发誓自己一个人一定要一边上班一边带孩子，但是她在辛苦的同时，心中的抱怨也应运而生。

但是日子久了，林丹一旦感觉累了，就会抱怨不止，阿志也渐渐失去耐心，无法继续倾听林丹的抱怨。对于这样的情况，阿志也觉得很无奈，不由得和林丹争吵起来，夫妻感情越来越差。有一次，阿志和林丹吵架之后离开家，彻夜未归。林丹这才意识到问题的严重性，赶紧反思自己，又向朋友倾诉。在朋友的劝说下，她意识到自己真正要携手相伴一生的人是阿志，而不是婆婆。而且，孩子再过几年就长大了，就好带了，他们也就苦尽甘来了。林丹决定要忘记这一切不愉快，从而更好地经营婚姻，维护夫妻感情。

的确，假如林丹始终都牢记着婆婆的不好，每次因为没有人帮忙带孩子而感到苦恼的时候，就把婆婆拿出来数落一通，日久天长，必然会影响与阿志的感情，导致得不偿失。的确，归根结底，丈夫才是我们要携手一生的人，而不是老人，最终携手走过一生需要夫妻同心。所以，不管面对婚姻中怎样的情况，都不能伤害夫妻感情，这才是最重要的。

在漫长的人生中，我们总是要面对各种各样的烦恼，当然，人生也是有快乐的。唯有端正心态，我们才能更好地面对人生，真正成为人生的主宰，使自己更加从容坦荡。

人脑的容量也是有限的，就如同天空一样，如果布满阴霾，阳光就会被遮蔽。所以，我们要让自己的脑海中充满愉快的回忆和积极的志向，从而激励自身不断向上。我们要忘记曾经的不愉快，也要忘记自己的成就。毕竟，任何过往，不管是光辉的，还是失落的，都已经成为无法改变的事实。我们唯有更加从容地面对人生，才能成为人生的主宰。

第四章

不酸不慕,不属于自己的东西再喜欢也不嫉妒

你之所以"酸",是因为不自信

古人云:"人有才能,未必损我之才能;人有声名,未必压我之声名;人有富贵,未必防我之富贵。人不胜我,固可以相安;人或胜我,并非夺我所有,操心毁誉,必得自己所欲而后已,于汝安乎?"嫉妒是毒害纯洁情感的毒药,是吞噬善良心灵的猛兽,是丑化面容的黑斑,嫉妒源于心中的狭隘与不自信。其实,嫉妒是无能的表现,因为自己不能达到对方的高度,不能获得对方的荣誉,只好用嫉妒心理来维护自己的自尊。培根曾说:"在人类的一切情感中,嫉妒恐怕是最顽强、最持久的了。"嫉妒基于内心的狭隘和不自信,很多人容易产生嫉妒的心理,总觉得自己处处不如别人,抱怨上天的不公平。虽然嫉妒之心,人皆有之,但是,如果这种心理不及时根除,嫉妒就会越来越紧地束缚我们的内心,使我们透不过气来。

赤壁之战结束后,孙刘两家均欲取荆襄之地,如此一来,才能全据长江之险,与曹操抗衡。刘备屯兵在油江口,周瑜知道刘备有夺取荆州的意思，便亲自赶赴油江与刘备谈判。谈判之前，刘备心中忧虑，孔明宽慰说："尽着周瑜去厮杀，早晚教主公在南郡城中高坐。"后来，周瑜在攻打南郡时付出了惨重的代价，不仅吃了败仗，而且身中毒箭，不过，周瑜还是击败了曹仁。可是，当周瑜来到南郡城下，却发现城池已经被孔明袭取，周瑜心中十分生气，说道："不杀诸葛村夫，怎息我心中怨气！"

周瑜一直想夺回荆州，他先后与刘备谈判，均无好的结果。这时，刘备的夫人去世，周瑜便鼓动孙权用嫁妹之计，将刘备诱往东吴而谋杀之，继而夺取荆州。没想到此计又被诸葛亮识破，并将计就计让刘备与吴侯之妹成了亲。到了年终，刘备依孔明之计携夫人几经周折离开东吴，周瑜亲自带兵追赶，却被黄忠、魏延等将追得无路可走。蜀军齐声大喊："周郎妙计安天下，赔了夫人又折兵！"这次，周瑜气得差点昏厥。

过了一段时间，周瑜被任命为南郡太守，为了夺取荆州，周瑜设下了"假途灭虢"之计，名为替刘备收川，其实是夺取荆州，不想再次被孔明识破。周瑜上岸后不久，就有大批人马杀过来，言道"活捉周瑜"，周瑜气得箭疮再次迸裂，昏沉将死，临死前还长叹："既生瑜，何生亮！"

莎士比亚说："您要留心嫉妒啊，那是一个绿眼的妖魔!"周瑜聪明过人,才智超群,却心胸狭隘,对比自己技高一筹的诸葛亮耿耿于怀,心生嫉妒,最终落得气绝身亡,怀恨而死。嫉妒宛如毒药,周瑜被嫉妒的心态所缠绕,无异于自饮毒酒。我们不难发现,嫉妒来自两方面,一是心胸狭隘,二是对自己不够自信。试想,如果周瑜能够心胸开阔,对自己充满自信,他可能也不会英年早逝。

另外,我们可以清晰地发现,嫉妒心理是具有等级性的,也就是说,只有处于同一竞争领域的两个竞争者才会彼此嫉妒。通常情况下,人们只会嫉妒与自己处于同一竞争领域的比自己表现优秀的人,而不会嫉妒与自己不在一个领域中的人。周瑜嫉妒诸葛亮,也是因为诸葛亮与他处在同一个领域,而且,诸葛亮的能力比他强,他不会去嫉妒与自己不处于同一领域的,如曹操、孙权。

对自己的不自信,以及内心的狭隘,常常使我们的嫉妒心理越加严重,若不及时抽身而出,就会被嫉妒所吞噬。古人云:"欲无后悔须律己,各有前程莫妒人。"好嫉妒的人自私且狭隘,他们总想高人一等,容不下比自己强的人,看到周围的人超过了自己,要么设法贬低对方,要么陷害对方。那么,我们如何才能冲出嫉妒的黑网呢?

巴尔扎克说:"嫉妒潜藏在心底,如毒蛇潜伏在穴中。"嫉妒的人一定是自私的,而自私的人肯定有着嫉妒心理,嫉妒和自私就如孪生兄弟，彼此不可分割。如果一个人的内心不自私，不存在狭隘的心理，那么，他是不会对他人充满嫉妒之心的。因为嫉妒，他不希望别人比自己优越；因为自私，他总想剥夺别人的优越。喜欢嫉妒的人从来不说一句好话，因为他们狭隘的心里容不下别人的长处，他以说别人的坏话来寻求一种心理上的满足。在生活中，喜欢嫉妒的人是没有朋友的，因为他把所有比自己强的人都视为敌人，又瞧不起那些比自己弱的人。

为此，我们应该正确认识自己，看到自己的优点，尽早从过强的自尊心和自卑感中解脱出来，正视自己与他人之间的差距。与其嫉妒别人，不如学习对方的长处，这样，思想解放了，心灵才会从嫉妒的黑网中解脱。所以，学会正视自己，扬长避短，努力冲破嫉妒的黑网，才能重新走向豁达广阔的天地。

学会正视嫉妒，让内心更轻松

周国平在《论嫉妒》一文中这样写道："嫉妒是对别人的快乐所感觉到的一种强烈而阴郁的不快。在人类心理中，也许没有比嫉妒更奇怪的感情了。一方面，它极其普遍，几乎是人所共有的一种本能。另一方面，它又似乎极不光彩，人人都要把它当作一桩不可告人的罪行掩藏起来。结果，它便转入潜意识之中，犹如一团暗火灼烫着嫉妒者的心，这种酷烈的折磨真可以使他发疯、犯罪乃至杀人。"这段话似乎道出了嫉妒心理的特点，实际上，在我们每个人身上，或多或少都会存在一些嫉妒心理，要想避免嫉妒心理，我们就应该学会正视它，只有正视自己的嫉妒心，才能挖掘出自己的弱点。

有一个人十分嫉妒自己的邻居，邻居生活得越快乐，他就越感觉不到快乐；邻居生活得越好，他就越痛苦。每天，他都盼望着邻居倒霉，希望邻居家着火，或者是邻居得了什么不治之症，或者希望雨天打雷让邻居家失火……不过，令他痛苦的是，每天看到邻居的时候，总是发现邻居生活得好好的，而且面带微笑与自己打招呼,对此,这个人的心里更加痛苦,恨不得往邻居的院子里扔一包炸药。就这样,他每天折磨自己,心中无比痛苦,身体也日渐消瘦,他心中就像堵了一块大石头,吃不下,睡不着。

有一天,他决定给邻居制造点晦气,这天晚上,他在花圈店买了一个花圈,然后偷偷给邻居家送去。当他走到邻居家门口的时候,却意外地听到里面有人在哭,这时,邻居正好从屋里走了出来,看到他送过来一个花圈,忙说道:"这么快就过来了,谢谢!谢谢!"原来,邻居的父亲刚刚过世。这人感到十分无趣,"嗯"了一声就走了出来。

由于内心的嫉妒,故事中的人将自己置于心灵的地狱之中,折磨自己,可最后却一无所得,只有内心无比的痛苦。嫉妒既害人又害己,对他人来说,嫉妒者的流言、恶语、陷害、造谣等,往往会给他人造成巨大的伤害;对自己来说,嫉妒者把时间用在阻碍和憎恨别人身上,而不是潜心于自我提升,伤身又伤心。所以,嫉妒不仅折磨嫉妒者本人,也危害那些被嫉妒的人,如果你常常受到嫉妒之心的折磨,就要正视它,不断地反省自己,改善自己的品行。

战国时期,秦国常常欺侮赵国。有一次,赵王派大臣蔺

第四章 不酸不慕，不属于自己的东西再喜欢也不嫉妒

相如到秦国交涉，蔺相如见了秦王，凭着自己的机智和勇敢，给赵国争得了不少面子，秦王见赵国有这样的人才，就不敢再小看赵国了，而回到赵国的蔺相如，当即被封为"上卿"。赵王如此看重蔺相如，这可气坏了赵国的大将军廉颇，他心想：我为赵国拼命打仗，功劳难道不如蔺相如吗？他不过凭着一张嘴，有什么了不起的本领，地位倒比我还高！廉颇越想越不服气，嫉妒心开始滋生，他怒气冲冲地说："我要是遇到蔺相如，要当面给他点儿难堪，看他能把我怎么样！"

廉颇的这些话传到了蔺相如耳朵里，蔺相如立即吩咐手下的人，以后遇到廉颇手下的人，千万要让着点儿，不要和他们争吵。廉颇手下的人，看见上卿这样让着自己的主人，更加得意忘形，见到廉颇手下的人，就嘲笑他们。蔺相如手下的人受不了这个气，对蔺相如说："您的地位比廉将军高，他骂您，您反而躲着他、让着他，他越发不把您放在眼里啦！这么下去，我们可受不了。"蔺相如却心平气和地说："我见了秦王都不怕，难道还怕廉将军吗？要知道，秦国现在不敢攻打赵国，就是因为国内文官武官一条心，我们两人好比是两只老虎，两只老虎要是打起架来，不免有一只要受伤，甚至死掉，这将给秦国一个进攻赵国的好机会，你们想想，国家的事儿要紧，要是私人的面子要紧？"

蔺相如的这番话传到了廉颇的耳朵里，廉颇惭愧极了，想

到自己的嫉妒之心真的是不应该。正视过自己的心理，廉颇毅然脱掉一只袖子，露着肩膀，背了一根荆条，直奔蔺相如家，对着蔺相如跪了下来，双手捧着荆条，请蔺相如鞭打自己，蔺相如却将廉颇扶了起来。从此，两人成为了很好的朋友。

受蔺相如宽广胸襟的影响，廉颇意识到自己嫉妒心的危害，正视了自己的嫉妒心，清醒地挖掘了自己的内心，做出"负荆请罪"的义举，最终，将内心那邪恶的嫉妒扼杀在摇篮之中，并且赢得了一个朋友。面对嫉妒，我们应该承认它、接受它，因为当你抵制一种情绪的时候，它往往会给你更多的影响；相反，如果你接受嫉妒这种情绪，你就能慢慢地忽略它，最终，这种坏情绪就会消失。

与其嫉妒他人的成功，不如自己努力向前

不知道从什么时候开始，"羡慕、嫉妒、恨"这些情绪竟然成为了一句流行语。羡慕是一种向往、崇拜，它同时也是嫉妒的萌芽，一个人对他人充满了嫉妒，其中肯定夹杂着羡慕的情绪；嫉妒是羡慕的转身，如果羡慕不能改变自己的现状，他人依然有着自己不能超越的能力，羡慕就会积累为嫉妒；恨则是嫉妒的极限，它是由嫉妒延伸而来的，总见不得别人的好，心底就会对人产生憎恨的情绪。"羡慕、嫉妒、恨"看起来更像是一种修辞，不仅强化了中心词"嫉妒"的表达效果，同时包含着嫉妒的来龙去脉：嫉妒，到底是源自哪里，又将演变成什么。可是，"羡慕、嫉妒、恨"又能怎么样呢？那些我们不能改变的东西依然改变不了，无论是羡慕、嫉妒，还是恨，都只是我们自己的情绪表达，伤害的其实是自己，给他人增添不了多少烦恼。与其"羡慕、嫉妒、恨"，不如"努力、奋斗、拼"，化嫉妒为动力，这样，我们才能将嫉妒之心消灭。

从前，有个人饲养了山羊和驴子，主人总是给驴子喂充足的饲料，而山羊每顿只能吃七八分饱。为此，嫉妒心很重的山羊对驴子说："你一会儿要推磨，一会儿又要驮沉重的货物，十分辛苦，不如装病，摔倒在地上，这样便可以休息了。"驴子听从了山羊的劝告，摔得遍体鳞伤。主人请来了医生，为驴子治疗，医生说："将山羊的心肺熬汤作药给驴子喝，这样才可以治好。"于是，主人马上杀掉了山羊，为驴子治病。

这是《伊索寓言》里的一个故事，嫉妒心强的山羊对驴子怀恨在心，假装为它出主意，实际上却是想将驴子置于死地，但没想到，被嫉妒心吞噬的山羊竟然将自己也不小心"算计"了进去。如此看来，"羡慕、嫉妒、恨"就如同一个无底洞，不仅埋葬了别人，也埋葬了自己。

小王和小李是大学同学，大学毕业后，他们进入了同一家公司。或许，在别人看来，这是多么奇妙的缘分，可对小王来说，却是有苦说不出。原来，两人虽然是大学同学，却也是竞争对手。在班里，小李是班长，小王是副班长，学习成绩不相上下，如果小王在歌唱大赛中得奖了，那么小李肯定会在诗歌朗诵中取得优异的成绩。在各方面，小李似乎都略胜一筹，这

第四章 不酸不慕，不属于自己的东西再喜欢也不嫉妒

让小王感到大学生涯十分痛苦。另外，小王克制不了自己对小李的嫉妒心，每次只要听到小李有了什么成绩，心中就会产生一种深深的恨意。

上班第一天，小李友好地向小王打招呼，没想到，小王只是冷冷地回看了小李一眼。小王在心里暗暗下决心：这一次，我一定要超过你！可是在第二天，小王就遭受了打击，小李被任命为经理助理，职位一下子高了很多，小王忍不住说了句风凉话："没想到，你还是跟大学一样，手段了得。"小李忍住心中的不快，笑着说："你说话总是这样犀利，其实，你也做得到，不妨把对我的恨意化作动力吧！"小王呆住了，自己以前那么嫉妒、那么仇恨，可是什么都没有改变，小李还是那么优秀。如果早将那种羡慕、嫉妒、恨化作努力、奋斗、拼，自己或许早就摆脱苦海了。

培根说："人可以容忍一个陌生人的发迹，但绝不能忍受一个身边人的上升。"距离产生美，而近距离的接触则会产生嫉妒。一个人一旦心生嫉妒，他就会变得"卑劣"，他会静静地待着，等着他人出现错误，甚至开始处心积虑地为他人制造出一些麻烦。事实上，有着强烈嫉妒心的人与"小人"没有实质的差异。一般的嫉妒只会停留在心理层面上，对他人并不会造成多大的伤害；强烈的嫉妒心会促使一个人采用一切卑劣的

手段增加自己的高度。

阿部次郎在《人格主义》里写道："什么是嫉妒？那就是对别人的价值伴随着憎恶的羡慕。"嫉妒源自羡慕，不过也有细微的差异：羡慕，是指看到别人有某种长处、好处或有利条件，希望自己也能获得同样的东西；嫉妒，是指看到别人拥有这些东西，产生抵触情绪，心生恨意。"羡慕、嫉妒、恨"刻画了嫉妒的成长轨迹，羡慕只是嫉妒的表层，恨才是嫉妒的核心。

歌德更是一句话道出了"嫉妒"与"恨"的关系，他这样说："憎恨是积极的不快，嫉妒是消极的不快，所以，嫉妒很容易转化为憎恨，就不足为奇了。"其实，嫉妒心是人的一种本能，谁没有嫉妒过别人呢？只是，每个人嫉妒心的强弱程度不同，适当的嫉妒可以激发人的进取心和竞争意识，这根本不算什么坏事；可如果一个人的嫉妒心过于强烈，整日因别人的幸福而痛苦，时间长了，就会陷入一种病态心理。

嫉妒源于不如人，对一个人来说，若是被人嫉妒，会产生一种精神上的优越和快感；嫉妒别人，只会暴露自己的懊恼和羞愧，打击自信心。所谓"学到知羞处，才知艺不精"，当你嫉妒一个人的时候，是否意识到了自己的短处呢？古人说："临渊羡鱼，不如退而结网。"我们应化嫉妒为力量，自觉地将"恨"转化为"拼"，自强不息，让自己真正进步！

越比较，你就会越发嫉妒

古人云："气忌盛，心忌满，才忌露。"我们常常会说"羡慕"，却很少提及"嫉妒"，似乎总想掩藏内心的秘密。其实，嫉妒和羡慕本是同根生，在某方面别人有你所没有，别人能你所不能，羡慕和嫉妒就产生了。有人说，羡慕是嫉妒的华丽转身，羡慕中多了一丝向往，嫉妒中多了一丝怨恨。在日常生活中，我们常常会听到嫉妒的话语："你看，隔壁的王先生多潇洒，楼下的阿松自己买了小车，对面的小张刚刚炫耀说又订了一套别墅，看看我们自己，还住在筒子楼，钱没钱，车没车，工作也不好……"俗话说："人比人，气死人。"虽然，人与人之间的比较是一种常见的心理活动，但是，如果我们时刻用消极的心态去攀比，贪恋虚荣，不仅心中会燃起嫉妒的熊熊大火，早晚有一天，也会在比较中迷失自己。

有一个人遇到了神仙，神仙对他说："从现在起，我可以满足你任何一个愿望，但你的邻居会同时得到双份的回报。"那人高兴不已，但是，他仔细一想：如果我得到一份田产，邻

第四章 不酸不慕，不属于自己的东西再喜欢也不嫉妒

居就会得到两份田产；如果我要得到一箱金子，邻居就会得到两箱金子。他想来想去，不知道提出什么要求才好，他实在不甘心让邻居占了便宜。最后，他一咬牙，对神仙说："哎！你挖掉我一只眼睛吧！"

这个故事反映的就是嫉妒，如果人们沉浸在嫉妒的心理中，那么，生活中所有美好的东西都将变成嫉妒的陪葬品。由狭隘、自私而产生的嫉妒是消极的，在比较心理下，嫉妒心会成为我们前进的绊脚石，使我们陷入痛苦的深渊而无法自拔。其实，人生就像一道加减法，有得必有失，幸福和快乐是不可比较的，因为它没有止境，也没有具体的标准。如果你总是纠结于比较，那么，你永远都是吃亏的那一个，因为人们在比较时常常忽略了自己的幸福。我们应该懂得这样一个道理：比上不足，比下有余。

早上，王雯穿着新买的裙子上班，心里别提多高兴了，心想：这身打扮应该会把办公室那群人给比下去，不知道多少人会称赞自己有品位呢。她一边想，一边乐，忍不住对着公司大门的镜子整理头发。来到办公室，王雯还没有来得及炫耀自己的新裙子，就看到一大群人围着李倩，嘴里发出阵阵赞叹声。王雯心中顿感不快，挤过去一看，原来，李倩今天也穿了新裙

子，不过，无论是款式还是质量，都在自己的裙子之上。王雯看了一眼，满脸不屑，气冲冲地走了，身后传来同事的议论："她总是这副样子，爱比较，比了又生气，真是搞不懂这个人……""可不是嘛，要我说啊，就是嫉妒心在作怪，每次都这样子，已经习惯了"。

听了同事的议论声，王雯怒火腾地上升了，她回过头，大声责问道："你们说谁呢？"同事纷纷走开了，只留下脸红脖子粗的王雯。生气的王雯进了卫生间，对着镜子重新审视自己的裙子，越看越生气，一气之下，王雯拉着裙子的下摆猛地一扯，本来只是发泄心中的怨恨，没想到，新买的裙子居然被扯出了一条长长的口子。看着镜子中的自己，王雯气得哭了起来。

对一些私心较重、心理欲望较高的人来说，他们时常会因为攀比把自己气得够呛，到最后，他们也不知道事情到底错在哪里。心胸狭窄的人，总喜欢以己之短比人之长，越比较越是痛苦，感觉自己真的"吃了亏"或"运气不好"，甚至开始抱怨自己"生不逢时"。看到自己的朋友当了官、发了财，自己的心里就很不平衡，总想着之前他还不如自己呢，但是，他们却不去思考对方取得成功的原因。

对此，有人一语道破玄机："人活着就不能把金钱、荣誉、地位看得太重，其实，拥有10万和拥有100万的人没什么两样，都是一日三餐，无非他们是吃海鲜，我们吃虾皮；他们开汽车，我们骑自行车。前面有坐轿、骑马的，后面有推车的，我们就是那中间骑驴的，比上不足，比下有余，所以，知足常乐吧，哪来这么多嫉妒。"

智者说："弱者的思路是嫉妒，强者的出路是竞争。"为什么不试着改变自己的心态呢？以乐观积极的心态，化嫉妒为动力，鼓励自己不断前进，这样，我们才会越来越接近对方，嫉妒之心也会消失。这个世界没有绝对优秀的人，我们身上总是有着这样或那样的缺点，在与他人比较的过程中，难免生出诸多嫉妒之气。在这种情况下，只有控制自己的情绪，找到差距，努力提升自己，才是成功之道。

尺有所短，寸有所长

周国平说："伟大的成功者不易嫉妒，因为他远远超出一般人，找不到足以同他竞争、值得他嫉妒的对手。一个看破了一切成功之限度的人是不会夸耀自己的成功，也不会嫉妒他人的成功的。"嫉妒是我们为了获得一定的利益，对竞争中的幸运者或潜在的幸运者怀有的一种冷漠、贬低、排斥，甚至是敌视的心理状态。换句话说，嫉妒是由于他人胜过了自己而引起的消极情绪体验，当看到他人比自己有能力时，我们心里就会酸溜溜的，很不是滋味，不自觉就会对其产生憎恶、羡慕、愤怒、怨恨、猜疑等一系列复杂情感。

一般而言，好嫉妒的人，不能容忍别人超过自己，总是害怕别人得到了自己无法得到的名誉、地位等，因为在他们看来，自己办不到的事情别人也不能办成，自己得不到的东西别人也不能得到。然而，在这个世界上，每个人都是独特的，或许从某一方面来看，对方确实比自己优越，但是在另外一些方面，自己拥有的却是对方未必能得到的。

第四章 不酸不慕，不属于自己的东西再喜欢也不嫉妒

从前，有一位贫穷的农夫，他有一位非常富有的邻居，邻居有一个很大的院子，有一栋非常漂亮的房子，还有一辆漂亮的马车。对此，农夫十分嫉妒，心想：他一个人住那么大的房子，可我呢？一家五口人挤在一个小草房里，上天真是太不公平了。每次遇到这位邻居，贫穷的农夫都会冷漠地走开，似乎这样一种姿态可以保护自己的自尊心。到了晚上，农夫就开始痛苦了，他翻来覆去睡不着，总想着自己能住上邻居那样的大房子。他每天向上天祈祷，让那位富有的邻居变得像自己一样贫穷吧，不然，自己会被嫉妒之心气死的。

后来，村子里来了一位智者，据说他能给那些痛苦的人指引道路，从而让他们过上快乐的日子。农夫觉得自己也应该去看看，来到那里，发现人们已经排了很长的队伍，而排在自己前面的不是别人，就是那位邻居。农夫感到很奇怪："这样一位富有的人也会感到痛苦吗？"过了半天，邻居进去了，农夫还在外面等着，可是，直到太阳下山，邻居还没有出来，农夫的嫉妒又开始了："上帝真是不公平，怎么智者就跟他说了这么多？"终于，邻居出来了，那位富人的脸上显露了从未有过的笑容。

农夫心中一动，急忙走了进去。智者问："你为何而痛苦啊？"农夫回答说："我总是看我那位邻居不顺眼。"智者微笑着说："这是嫉妒在作怪，你需要做的就是克制自己，

想想自己拥有的东西。"农夫十分生气:"智者啊,你怎么也那么偏心呢?给我的邻居那么多忠告,却只给我简单的两句话。"智者说:"你一进来,我就猜到你是为贫穷带来的嫉妒而痛苦。可是,我只看到那位富人殷实的外在,看不出他精神的匮乏,详细询问了才知道他的症结所在。"农夫不解:"他也会感到不快乐吗?"智者说:"当然,虽然他比你富有,房子比你大,但是,他只是一个人。而你有贤惠的妻子和可爱的孩子,你所拥有的正是他所缺乏的,这样一想,你就不会痛苦了。"听了智者的话,农夫心中释然了,他感到快乐的日子离自己不远了。

农夫的嫉妒让自己远离了快乐,陷入了痛苦的深渊,他所看见的都是邻居好的方面,而忽略了自己所拥有的。在这样的心理状态下,他会认为凡事都是邻居好,自己什么都差劲,经过智者的点拨,他发现原来自己身上还隐藏着一些宝藏,而这些都是那位富裕邻居所缺乏的,自己还有什么可嫉妒的呢?

有这样一则寓言:"猪说假如让我再活一次,我要做一头牛,工作虽然累点,但名声好,让人爱怜;牛说假如让我再活一次,我要做一头猪,吃罢睡,睡罢吃,不出力,不流汗,活得赛神仙;鹰说假如让我再活一次,我要做一只鸡,渴有水,饿有米,住有房,还受人保护;鸡说假如让我再活一次,我要做一只鹰，可以翱翔天空，云游四海，任意捕兔杀鸡。"

　　似乎风景都在别处，在生活中，我们总是不由自主地羡慕、嫉妒别人拥有的东西，嫉妒别人的工作，嫉妒同事买的新房，嫉妒别人的车子，可是，我们却忽略了自己也有别人嫉妒的东西。所以，守住自己所拥有的，清楚自己真正想要的，我们才会获得真正的快乐。

放下心中的怨恨，化嫉妒为动力

托尔斯泰说："嫉妒是一种可耻的感情。"在现代社会，竞争日益激烈，嫉妒这种感情非但没有绝迹，反而有滋生蔓延之势。有的人总是花费大量的精力和时间来嫉妒、怨恨，看着别人领先了自己就眼红，心生嫉恨，甚至为了报复不惜任何代价，不择手段。可是，嫉妒换来的是什么呢？嫉妒只是一种比痛苦更深沉的情绪，如果你觉得别人有优秀的地方，或者感觉自己某些方面有所欠缺，那么，放下心中的嫉妒吧，消除内在的不满情绪，努力拼搏后，你会发现自己也能够成为一片让人羡慕的风景。因此，面对那些令我们羡慕、嫉妒的人，抱怨、憎恨并不是明智之举，只有放下心中的怨恨，化嫉妒为动力，努力拼搏，当自己达到了一定的高度，你会看到更广阔的世界。

小宋从一名小职员荣升为部门经理，大家都感到十分诧异，是什么力量让一个平庸得不能再平庸的人也登上了成功的山顶呢？在公司表彰大会上，小宋道出了自己的秘密："许

第四章 不酸不慕，不属于自己的东西再喜欢也不嫉妒

多人都问我，你是怎么做到的？刚开始，我总是避而不谈，其实，我内心有一点点羞愧，本来，我打算永远不说这个秘密的。可是，现在我发现，我需要将这个秘密告诉你们，避免你们像我一样，被无谓的烦恼所困扰。"公司同事都聚精会神，希望自己能从小宋那里借鉴到什么。

小宋微笑着说道："其实，我以前是一个嫉妒心很强的人，从小，家庭的贫穷让我对那些富裕的同学心生嫉妒，为此，我甚至仇恨父母，为什么我会出生在这样一个贫穷的家庭。这种嫉妒心理一直跟随我到大学毕业，我总想超过别人，这种信念让我在遇到困难时爆发出一股强大力量。大学毕业后，我进入了这家公司，这时，我似乎已经忘记了心中的嫉妒，因为在过去的那么多年里，我勤奋学习，浑然忘记了去嫉妒别人。初到公司，我就暗暗发誓：以前是我嫉妒别人，现在我要放下那些嫉妒，努力变成一个令人嫉妒的人。我不知道现在我是不是真的成了这样一个人，但是，我已经不去在意了，因为嫉妒已经完全远离了我。"话音刚落，台下响起了雷鸣般的掌声。

黑格尔说："有嫉妒心的人自己不能完成伟大的事业，就尽量去低估他人的伟大，贬低他人的伟大，使之与他本人相齐。"如果这样的目的不能达到，嫉妒者就会采用种种卑劣

的手段，惹出更多的是非来，不过，最后他们却是偷鸡不成蚀把米。

当我们嫉妒某位同事的工作能力时，就会总是注意对方的优点，却没有注意自己比对方强的地方。其实，每个人都会有不如别人的地方，当对方在某方面超过我们的时候，我们可以有意识地想一想自己的长处，这样就会使自己失衡的心理重新恢复到平衡的状态。

你的嫉妒其实是长他人志气，灭自己威风，不如收敛自己的脾气，控制自己的情绪，为自己打气。当你通过了一番拼搏站在了成功的位置上，再让别人羡慕你、嫉妒你吧！

可见，嫉妒并不能使自己超越别人，不如承认自己，改变自己，奋起直追，这样未来才有希望。对别人产生了嫉妒心并不可怕，关键是我们能不能正确看待嫉妒心。不妨让嫉妒心理促使自己奋发努力，化嫉妒心为动力，超过对方。

第五章

告别患得患失,用酸葡萄心理让内心重获安宁

自我安慰，缓解内心焦虑

成功大师卡耐基曾经回忆："多年前的一个夜晚，邻居匆忙来按我家门铃，让我们一家去种牛痘以预防天花。惊恐的人们排着长队，多个接种站的医生、护士夜以继日地工作，这一切都是因为纽约有两人因天花而死亡——800万纽约市民仅死亡两人。"这时，卡耐基发出这样的感叹："我在纽约市居住了37年之久，可从没有人上门提醒我，要预防精神上的忧郁症，在过往的37年中，这种病症对人的损害，远胜天花万倍。"

其实，卡耐基这里说的精神上的忧郁症，就是负面情绪的一种体现。在现实生活中，可以说，每十人中就有一人被焦虑困扰，大部分源于忧虑和情感冲突。为什么人会受到焦虑的折磨？

吉姆是一位年轻的汽车销售经理，他的前途充满了希望。但是，吉姆却总是非常绝望，意志消沉，他觉得自己要死了，他甚至已经开始为自己挑选墓地，为自己的葬礼做好了一切准备工作。其实，吉姆的身体只是出了一点小问题，有时候会呼吸急促，心跳很快，喉咙梗塞，医生规劝他："你只需要坦然面对生活，请假休息一段时间就行了。"

吉姆在家里休息了一阵子，但是，他还满是焦虑和恐惧，他的呼吸变得更加急促，心也跳得更快，喉咙依然梗塞。这时，医生劝他到外面去透透气，吉姆照做了，但依然无法阻止内心的焦虑和恐惧。一周过去了，吉姆回到家里，他感觉死神快降临了。朋友告诉吉姆："赶快打消你的猜疑！如果你到明尼苏达州罗切斯特市的梅欧兄弟诊所，你就可以彻底地弄清病情，也不会失去什么。"吉姆听从了朋友的建议，他来到了罗切斯特市，吉姆甚至担心自己会在旅途中突然死亡。

在梅欧诊所，医生给吉姆做了全面检查，告诉吉姆："你的症结是吸进了过多的空气。"吉姆先是一愣，然后大笑了起来："那真是太愚蠢了，我该怎样处理这种情况呢？"医生说："当你感觉呼吸困难、心跳加速的时候，你可以向一个袋子呼气，或者暂时屏住呼吸。"医生递给吉姆一个纸袋，吉姆照办了，结果，他发现自己的心跳和呼吸都变得很正常，喉咙也不再梗塞了。当他离开诊所的时候，他已经容光焕发，原来这一切的症结都是因为内心的焦虑和恐惧。

焦虑和恐惧是负面情绪，长期的焦虑和恐惧会让我们相信，某件想象中的事情会变成现实。然而，就是在这样的消极心理中，那些预感中会发生的事情果然发生了，到最后，我们的焦虑和恐惧越来越严重，以至于身体真的出现了疾病。

积极的心态给人向上的信心和希望，鼓励人们不断地追求幸福生活。现代社会是一辆疾驰的列车，它更需要能量的驱动，负面情绪就好像是劣质的汽油，会对列车造成致命的伤害，甚至引发故障，我们只有创造更多的好心情，列车才能安全地驶向远方。不过，在消灭负面情绪，创造良好心态之前，我们还需要了解为什么会有那么多人遭受负能量的折磨。

一个人一旦被负面情绪所困扰，体内就全是负能量。不管怎么样，我们永远要认清一个事实，那就是在这个世界上，没有谁可以打败自己，除了你自己。假如你总是画地为牢，将自己牢牢限制在某个位置，破罐子破摔，那你永远也走不出来。

悲观，会让你内心更加煎熬

马克·吐温说："世界上最奇怪的事情是，小小的烦恼，只要一开头，就会渐渐地变成比原来厉害无数倍的烦恼。"那些有着悲观心境的人心中就像长了一颗毒瘤，哪怕是生活中一点小小的烦恼，对他来说也是一种痛苦的煎熬。每天增加一点点不愉快，悲观就会在消极情绪的养分下不停地生长，最终自己就会被悲观吞噬。悲观是一种比较普遍的心境，面对生活中诸多的不如意，每个人有可能都会产生悲观，然而，许多人尚未意识到悲观的危害性。有的人甚至认为，悲观也没有大不了的，又不是抑郁症。可是，据心理学家观察，长时间的悲观心境，会让人感到失望，长期生活在阴影里，自己变得郁气沉沉。所以，我们要远离悲观的心境，调整自己的情绪，走出悲观的阴霾，做一个乐观积极的人。

有两位年轻人到同一家公司求职，经理把第一位求职者叫到办公室，问道："你觉得你原来的公司怎么样？"求职者脸色满是阴郁，漫不经心地回答说："唉，那里糟透了，同事们尔虞我诈，钩心斗角，我们部门的经理十分蛮横，总是欺压我们，整个公司都死气沉沉，在那里工作，我感到十分压抑，所以，我想换个理想的地方。"经理微笑着说："我们这里恐怕不是你理想的乐土。"于是，那位满面愁容的年轻人走了出去。

第二个求职者被问了同样一个问题，他却笑着回答："我的原公司挺好的，同事们待人很热情，大家互相帮助，经理也平易近人，关心我们，整个公司气氛十分融洽，我在那里工作得十分愉快。如果不是想发挥我的特长，我还真不想离开那里。"经理笑吟吟地说："恭喜你，你被录取了。"

这两个人中，前者是悲观者，他的生活始终笼罩着乌云，因此，他看什么都是阴郁的，一份多么美好的生活摆在他面前，他却认为"糟糕透了"。后者是典型的乐观者，阳光始终照射着他的生活，即使是再糟糕的生活，在他看来也是十分美好的。悲观者看不到未来和希望，所以，他面临着求职的失败，或许在人生的道路上，还有更多的失败在等着他，除非他能够换一种心境。

有两个人，一个叫乐观，另一个叫悲观，两人一起洗手。刚开始的时候，盆里的水很干净，两个人都洗了手，但洗过之后水还是干净的，悲观说："水还是这么干净，怎么手上的脏物怎么都洗不掉啊？"乐观却说："水还是这么干净，原来我手一点都不脏啊！"几天过去了，两个人又一起洗手，洗完了发现盆里的清水变脏了，悲观说："水变得这么脏啊，我手怎么这么脏？"乐观却说："水变得这么脏啊，瞧，我把手上的脏东西全部洗掉了！"同样的结果，不同的心态，就会有不同的感受。

拥有悲观心境的人，只是一味地抱怨，看到的总是事情的灰暗面，哪怕到了春天，他看到的依然是折断了的残枝，或者是墙角的垃圾；拥有乐观心境的人懂得感恩，他的眼里到处都是春天。悲观的心境，只会让自己气郁沉沉；乐观的心态，会让自己感受到阳光般的快乐。

可能，谁也想不到，美国最著名的总统之一——林肯竟然曾是抑郁症患者。林肯在患抑郁症期间，曾说过这样一段感人肺腑的话："现在我成了世界上最可怜的人，如果我个人的感觉能平均分配到世界上每个家庭中，那么这个世界将不再会有一张笑脸，我不知道自己能否好起来，我现在这样真是很无奈，对我来说，或者死去，或者好起来，别无他路。"幸运的是，林肯最后战胜了抑郁症，并成功地当选为美国的总统。

悲观给我们生活造成的影响是巨大的，一个有着悲观心境的人，无论是生活还是工作，都没有办法获得成功。对每一个人来说，悲观的心境就像是飘浮在天空中的乌云，它遮住了生活的阳光，长此以往，我们也会变得气郁沉沉。所以，远离悲观，放下心中的怨气，让阳光照进生活中。

做你自己，无须讨好任何人

心理学家认为：一个人若是遵从内心的感受，选择自己喜欢的生活方式，他是感觉不到累的。那么，我们所感觉到的累是怎么回事呢？大多数人都有这样的经历：上学的时候，父母总是指着隔壁的孩子说："瞧瞧人家，成绩多优秀，你得向他看齐。"大学毕业了，父母又说："还是当个老师，或者考个公务员，这才是铁碗饭，其他的都不是什么好工作。"工作的时候，上司总是告诉你这样不对，那样不对。我们生活的一切，似乎都是在讨好别人，而从来没有讨好过自己。事实上，我们要懂得这样一个道理：你不需要讨好所有的人，只有自己喜欢才是最重要的。

小资是一名歌手，以前每次上节目，她都会抱怨："太辛苦了，我实在受不了压力太大的生活，有时候，为了讨好歌迷、媒体，我一年发行两张专辑，但是，我又想把工作做得更好，这样的工作量简直令我崩溃。"以前的工作时间安排得很紧，白天上通告做宣传，晚上还要去录音棚完成下一张专辑的录制，这样的工作量超出了小资可以承受的范围，她每天都感觉很累，但是，心中的怨气却无处诉说。最后，在内心快要崩溃的时候，她选择了退出歌坛。

在四年的休息时间里，小资做了自己喜欢的事情，她说："以前大家都是看我怎么变化，现在我是在用自己的眼睛看大家的改变。虽然，现在我年纪大了，似乎变得老了一些，但是，年龄并不是我能掩盖的东西，我也想永远年轻，但也懂得这就是时间给我的礼物。在成长的过程中，我得到的最大一份礼物是懂得了不用费劲证明自己，只需要做自己喜欢的事情，跟着自己的步伐。在以后的时间里，如果我能完全坚持自己的选择，那就是最好的生活。"或许，小资的年龄变得大了一些，但这正是一个不需要讨好任何人的年纪。最近，小资复出了，在工作上，她已经与唱片公司达成了一致，不需要拿任何事情炒作，也不需要为了赢得名气而故意虚报唱片的销量，可以自由自在地唱歌，这是小资最喜欢的一种状态。

小资告诉我们："不需要讨好所有的人，只需要做自己喜欢的事情。"然而，就是这样一句话，令很多人既羡慕又嫉妒，因为，很多人的工作就是在讨好别人，为此不得不放弃自己的自尊。每天，都有许多人为了人际交往，为了生存而讨好他人，他们在这样的过程中感到很累，甚至身心俱疲。到底是为了什么，我们需要对身边所有的人尽力讨好呢？

王娜是同事们公认的"好人缘"，或者说，她是一个从来不唱反调的人，在任何时候，她的观点都与大家一样。在办公室里，只要同事们都说"这个东西真的很好"，她就会随声附和"真的很好啊"；一件衣服，同事们都说漂亮，她也会表示同意"颜色十分均匀，款式也很新颖"；一份策划案，大家都说不错，她也会承认"设计比较独特，很不错"。于是，只要王娜在办公室，大家都喜欢问她的意见，虽然知道她不会说一句反驳的话，但是，大家似乎养成了一种习惯，都希望王娜能够说两句好听的话。这可给王娜带来了许多烦恼，每天为了应付那些同事，她总说"好啊，这个好""不错，不错"，即使心里觉得这个东西真的很普通，但是为了赢得一份好人缘，以免得罪同事，王娜还是满脸笑容说："我觉得很不错。"

可是，每天回到了家里，王娜就开始抱怨了："真累！搞不懂那些同事是什么欣赏眼光啊，明明那个东西没有什么用，偏偏宝贝得不得了；一件过了季的衣服，还说漂亮；策划案完全是抄袭网上的一篇文章，大家都赞不绝口，为了应付他们，每天真的好累！"室友张莉笑着说："既然累，为什么不做回自己，说自己喜欢的话，做自己喜欢的事情呢？我就从来不说违心话，得罪了他们又怎么样？我还是照样工作。"王娜叹息着："唉……"

一个公认的"好人缘"却有一肚子苦水需要倒："每天，我都觉得我不是自己在生活，而是为别人在活，为了讨好他们，我把自己喜欢的一切都放弃了，最后，他们还是不满意。白天，我戴着微笑的面具，晚上回到家，却没有人愿意分担我的烦恼。我感觉到内心有股气，它在不断地积累、膨胀，我害怕有一天自己会崩溃。"

在日常生活中，我们都会羡慕那些所谓的"好人缘"，似乎每个人跟他都能聊到一块儿去。他所说的每一句话，所做的每一件事，都是按照大家的心思来的，他没有理由不受到大家的喜欢。

在公司，上司说"这个方案不行"，他一句话不说，马上改成了上司喜欢的方案；挑剔的同事说"你今天的打扮好像不太和谐"，第二天，他就真的换了一套符合同事眼光的服饰；在家里，爸妈说"你新交的男朋友没有固定的工作"，她就真的决定与男友分手，重新找了一个能让父母满意的男朋友。在这个过程中，我们会发现，这样的人不过是在讨好身边的人而已，他们逐渐失去了自己的生活。

在日常交际中，与他人建立良好融洽的关系是极其重要的。但是,不要以放弃自己的喜好为代价,我们并不需要讨好所有的人,有时候,保持自己的个性,往往会令我们有意外的收获。

随时随地，放松身心

很多心理学专家给出建议，如果你是个情绪容易紧张的人，那么，在做事前最好先放松自己，最重要就是要把注意力从自己身上移开，为此，你可以做一些放松身心的活动。

刘小姐是一名培训讲师，她的工作就是为全国各大企业培训人才，自然免不了要经常在众人面前说话。刘小姐虽然已经十分熟悉自己的工作，那些演讲词甚至已经能背下来了，但是每次演讲前，她还是莫名地紧张。这几年，刘小姐逐渐摸索出了能帮助自己减轻紧张感的方法：平时没事的时候，她会在网上搜集一些小笑话，然后存在自己的手机里，到演讲前，她就拿出来看，那些小笑话能让自己开怀大笑，她心里所有的不安也就烟消云散了。

和故事中的刘小姐相同，即使是那些演讲大师，在演讲前也会紧张，只是他们都有属于自己的调节方法，刘小姐使用的就是幽默放松法。的确，在演讲中，要想有效地表达自己的想法，首先要学会自我放松，这样才能有更好的表现。那么，怎样才能放松呢？经验丰富者为我们分享了几个有效的方法：

1.深呼吸

采用这种方法可以消除杂念和干扰。当自己感觉十分紧张时，可以有意识地控制自己的情绪。具体做法是，保持站立，双臂自然下垂，闭合双眼，把注意力集中在呼吸上，静听空气吸入、呼出时发出的微弱声音。吸气时从1数到10，每次吸气时，注意绷紧身体，在呼气时说"放松"，并放松身体，就这样连续数下去。注意节奏放慢，让身体尽量松弛，直到感觉镇静为止。你也可以在平时有意识地训练自己放松，这样，在出现紧张心理时，就更容易进行自我调控。

2.均衡运动，活动一下身体的一些大关节和肌肉

均衡运动是指有意识地让身体某一部分肌肉有规律地紧张和放松。我们可以先握紧拳头，然后松开；也可以固定脚掌，压腿，然后放松。均衡运动的目的在于让你某部分的肌肉紧张一段时间，然后你就不仅能更好地放松那部分肌肉，而且能更好地放松整个身心。你需要注意的是，做的时候速度要均匀缓慢，动作不需要有固定的模式，只要感到关节放开，肌肉松弛就行了。

3.冥想法

闭上眼睛，去想象一些恬静美好的景物，如蓝色的海水、金黄色的沙滩、朵朵白云、高山流水等。

4.收集笑话，建立自己的"开心金库"

平时多收集一些笑话，紧张时想一想最好笑的，让自己开心起来。经研究，笑能很快使神经放松。

5.把注意力从自己身上移开

在考试时，老师会给出一些建议：对那些不会做的题目，可以先转移注意力，减少焦虑，跳过一时解答不了或暂时回忆不起来的问题，当其他问题解答完之后再回过头重新思考跳过的问题。这种做法可以使兴奋中心得以转移。

面对其他令你紧张的事情也是一样。你甚至可以将注意力集中到一些日常物品上。比如，看着一朵花、一点烛光或任何一件柔和美好的东西，细心观察它的细微之处。或者点燃一些香料，感受它散发的芳香。

当然，要想真正消除紧张心理，从根本上来说还是要降低对自己的要求。一个人如果十分争强好胜，事事都力求完美，事事都要争先，自然会经常感觉时间紧迫，匆匆忙忙。而如果能够认清自己能力和精力的极限，放低对自己的要求，凡事从长远和整体考虑，不过分在乎一时的得失，不过分在乎别人对自己的看法和评价，心境自然就会松弛一些。

如果在准备充足的情况下，你还是会产生紧张的情绪，那么，掌握这些放松自我的技巧可以帮我们"应急"。

转移注意力，淡化焦虑

所谓焦虑，从心理学的角度来说，是一种心理现象，也是人们内心深处的感受。通常情况下，人们一旦感到焦虑，就会产生相应的身体反应，诸如心慌心悸、盗汗、情绪波动，以及气喘吁吁等。不过，焦虑和愤怒不同，愤怒一般是一时的情绪爆发，但焦虑往往是慢性的，是在生活中逐渐形成的。有些人如果焦虑严重，或者长期陷入焦虑之中，还有可能导致胃痛、失眠等严重的症状。由此可见，焦虑对人的身体和心理健康有很负面的影响。

以形象的比喻来说，焦虑就如同人生之中的雾霾，导致人生始终处于雾蒙蒙的状态，根本没有阳光灿烂的日子。人们之所以焦虑，就是因为他们对自己的现状不满意。他们认为自己的才华被埋没，心中委屈，根本无法证明自己的实力和能力。他们就这样年华老去，梦想渐渐消逝。在焦虑心理的驱使下，很多人一生都忙忙碌碌，最终却碌碌无为，越来越沉沦。其实，要想消除焦虑，除了端正心态、控制情绪，还有一种卓有成效的方法，那就是转移注意力。

其实，很多人之所以焦虑，都是因为欲望。人生的本质并不苦，苦就苦在人们的欲望太多，大多数人都在欲海中挣扎沉浮，无法摆脱。在我们因为某种欲望得不到满足而感到焦虑的时候，不如转移注意力，让自己的心找寻到平静，从而更加从容理智地面对生活。

这个世界并不想为难任何人，是我们自己在与世界较劲。假如我们能够抱着随遇而安的态度，让生活变得更加从容，我们的人生也会变得顺利。随着年岁的增长，我们不应该被欲望驱使，而应该降低欲望，让人生变得简单、随性。

塞翁失马，焉知非福

现代社会，生活节奏越来越快，工作压力越来越大，很多人都觉得自己活得特别累，殊不知，人生的确很痛苦，但是痛苦的原因并不是失去的太多，而是因为我们想要的太多，或者说我们在得失之间无法保持平衡。首先，从物质的角度来说，随着社会的发展，物质生活极大丰富，在这种情况下，我们与其被物质的欲望驱使，痛苦地生活，不如保持平静。其次，从精神的角度而言，人生一直都在得失之间徘徊。我们不可能永远拥有一切喜欢的东西，既然我们只不过是沧海一粟，我们又为何要因一时的得失失去坦然的心境呢？要想获得平衡，我们就必须平静坦然地面对得失。

当然，得失不仅限于物质层面。在精神层面上，很多人也纠结于得失。诸如，大多数人都想得到他人的认可与赞美，从而满足自尊和虚荣心。然而，一个人不可能时刻都得到他人的认可与赞美，很多时候，我们得到大多数人的认可，但是却有小部分人对我们颇有微词。这时候，就需要我们端正态度，从容接受他人的赞美与批评，这样才能淡定平和，情绪才不会过于波动。

很久以前,在偏僻的农村,鸡蛋是非常值钱的,尤其是能孵小鸡的鸡蛋。有一次,有个主妇不慎打破了一个家里用来孵小鸡的鸡蛋。大家都知道,鸡蛋的壳很薄,很容易破碎,打碎一个是再正常不过的。但是,这个主妇却为此陷入深深的自责,暗暗想道:"一个鸡蛋就能孵出一只小鸡,一只小鸡长大之后又能下蛋,又能孵出更多的小鸡。"思来想去,她变得非常痛苦:"我不是打破了一个鸡蛋,我是毁掉了一个养鸡场啊。假如我没有打破这个鸡蛋,我几年之后就会拥有成百上千只鸡,那我的生活将会变得多么富裕啊,我还会有豪华的房子和大片的土地呢!"想着想着,主妇突然痛哭不止,大声哀号,茶饭不思,几天之后居然病得卧床不起了。

主妇只是打破了一个鸡蛋,居然就不停地想来想去,变得痛苦万分。主妇痛苦的根源就在于她自己,她无限地放大了自己的损失,也使自己的痛苦成倍增长。不得不说,她让自己陷入了痛苦的深渊。

人生在世,谁不曾失去些什么呢?可以说,人生就是不断地得到和失去的过程。面对已经失去的一切,既然覆水难收,我们还有什么必要自寻烦恼呢?唯有更加正确地对待得失,才能有效减少因为得失引起的痛苦，也才能从犹豫纠结的人生中摆脱。真正明智的人，绝不会因为任何原因放大自己的痛苦，相反，他们能很好地止损，从而使自己得到更多的幸福快乐。

人生不如意十之八九，人生有得到，也会面临着失去。任何情况下，我们都要迅速摆脱痛苦，才能让自己变得从容淡定，心平气和。

得到和失去并非绝对，就像是灾祸和福气会相互转化一样，得到和失去也是可以相互转化的。赠人玫瑰，手有余香，有一种失去叫付出。虽然我们的每一次付出未必都能得到好的结果和积极的回报，但我们却得到了内心的安宁，也得到助人的快乐。当我们因为失去而感到痛苦时，不如想一想我们曾经得到的那些；当我们因为命运的吝啬而抱怨不休时，不如想一想命运曾经对我们的慷慨馈赠。

酸葡萄心理，能让你苦中作乐

很多人喜欢喝茶，喜欢品尝茶淡淡的苦味和清香。其实，人生也和茶一样，或者如同清香的绿茶，或者如同浓郁的普洱茶，或者如同温暖的红茶，只有细细品味，才会发现人生真正的味道。每个人喝茶，都有不同的感受；每个人喝茶，也都有自身的深刻体验。对人生，同样如此，有人觉得苦涩是人生的基调，有人觉得人生很酸涩，但也有人从人生中品味到甘甜。人生的确是苦涩的，在生命的每一个阶段中，我们都会感受到痛苦，但这并不影响生命同样伴随着快乐。

我们是人，不是神仙，每个人在面对人生的困难时，都无法做到豁达从容，所以困难是难免的。对于苦难，我们应该保持良好的心态，意识到苦难不可避免，也意识到人生必然要历经磨难才能成长。我们不是圣人，无须要求自己面对任何事情都坦然从容、波澜不惊。人有七情六欲，我们应该像接受喜悦一样，接受苦涩的生活本相。当我们发自内心地接受和悦纳生活，我们的人生也将变得更加从容。

每个人都应该有良好的心态，坦然接受人生的风雨。良好的心态，既包括面对人生坦途的积极乐观，也包括面对人生苦难时的从容和镇定。正如人们常说，人生不如意十之八九，任何时候，我们唯有积极乐观，才能超越人生的坎坷困境，得到更加美好的未来。

大学毕业后，小南和好朋友亚飞一起应聘进入一家酒店工作。进入酒店的第一天，领导就找亚飞和小南谈话，告诉她们："原本酒店里有两个合适你们的职位，不过因为临时调整，现在只缺少一名前台人员，不过我们还缺少一名清洁工。我们初步安排让小南在前台工作，亚飞暂时委屈一下，先干一段时间的清洁工工作，等到有合适的职位，马上调整。"对此，亚飞表示很难接受，她当即表态："如果一定要让我当清洁工，我还是选择辞职吧。我相信自己会找到更合适的工作。"尽管领导再三解释很快就会调整，亚飞却说自己一天卫生都不会打扫。看到亚飞的坚决，小南不愿意看着亚飞失去工作，因而主动对领导说："领导，让亚飞去前台吧，我愿意当清洁工。反正很快就会安排新的岗位，我没关系的。"

就这样，亚飞去了前台工作，小南承担起打扫卫生的工作。小南毫不懈怠，每天都非常辛苦、认真负责地做好本职工作。每一位来到酒店入住的客人，都对干净整洁的环境感到非常满意，也对小南热情周到的服务感到宾至如归。渐渐地，越来越多的客人特意在酒店留言簿上点名表扬小南。最终，领导也知道了小南的表现，给小南安排了比前台更好的职位。

归根结底，对娇生惯养的大学生而言，能够不怕脏不怕累不怕苦，把卫生打扫得让所有客人都满意，就凭着这种严肃认真、一丝不苟的工作态度，还有什么是做不到的呢？正是因为小南有着苦中作乐的心态，她才能以积极乐观的态度面对生活，也才能让自己的辛勤付出最终被领导看在眼里，得到领导的赏识。

从本质上来说，苦是一种心态。假如你认为生活很苦，那么你就会处处得到验证，进一步认为生活真的很苦。但是，假如你认为生活的本质还是幸福快乐的，苦只是一种调味剂，瑕不掩瑜，那么你就会意识到，一切的苦只是为了衬托生活的甜。只要保持积极乐观的心态，我们也就能够赶走生活的苦难，从而让人生变得更加幸福快乐。正如一位名人所说，这个世界上并不缺少美，只是缺少发现美的眼睛。同样的，这个世界上也并不缺少快乐，只是缺少发现快乐的眼睛。当我们摆正心态，能够苦中作乐，我们的人生就会变得更加甜蜜，少些苦涩。

第六章

用酸葡萄心理看待挫折，挫折是对人生的一种锻炼

无法避免的挫折，就将其合理化吧

著名美学大师蒋勋曾写道："每个人完成自我，才是心灵的自由状态；每个人按照自己想要的样子完成自己，那就是美，完全不必有相对性。天地之下可以无所不美，因为每个人都会发现自己存在的特殊性。大自然中，从来不会有一朵花去模仿另一朵花，每一朵花对自己存在的状态都非常有自信。"面对人生道路中的磨难，有的人选择了"枯萎"，因为他认定自己就是失败的；有的人却选择了尽情地释放，因为他们坚信自己才是最美的。人生中的磨难是我们不能避免的，它是客观存在的，既然它早已经存在，我们又何必生气呢？它来了，我们就迎难而上，在磨难中重塑更加完美的自己。很多人在面对磨难的时候，心底会传出这样的声音：我战胜不了。在消极情绪的主导下，磨难还没有开始，他就主动放弃了，于是错过了蜕变完美的最后机会。

1921年夏天，年近39岁的富兰克林·罗斯福在海中游泳时突然双腿麻痹，经过诊断是患了脊髓灰质炎。这时，他已经是美国政府的参议员了,是政坛上的热门人物,遭到了疾病的打击,他心灰意冷,打算退隐回到家乡。刚开始的时候,他一点都不想动,每天坐在轮椅上,但是,他讨厌别人整天把他抬上抬下,于是到了晚上,他就一个人偷偷地练习怎样上楼梯。经过一段时间的练习,他得意地告诉家人:"我发明了一种上楼梯的方法,表演给你们看。"他先用手臂的力量把自己的身体支撑起来,慢慢挪到台阶上,然后把双腿拖上去,就这样一个台阶一个台阶艰难地爬上了楼梯。母亲阻止儿子,说:"你这样在地上拖来拖去多难看。"富兰克林·罗斯福却断然地说:"我必须面对自己的耻辱和磨难。"

历史向我们证明,磨难并没有成为富兰克林·罗斯福人生的阻碍,甚至,它在一定程度上帮助罗斯福成了美国历史上最伟大的总统之一。因为磨难,罗斯福更加坚定了自己的人生追求,加快了向前的步伐,最后他成功了。磨难降临,有的人就立即产生了"败气",开始逃避,挑战还没有真正开始,他就被打倒了。

格连·康宁罕在8岁的时候,双腿在一场爆炸事故中严重受伤,当时,他的双腿上几乎没有一块完整的肌肤。医生毫不犹豫地断言:"你此生再也无法行走。"父母满脸悲伤,康宁罕却没有哭泣，而是大声宣誓："我一定要站起来！"在床上躺了两个月之后，康宁罕便尝试着下床了，为了不让父母担心，他总是背着父母，挂着父母为自己做的小拐杖在房间里慢慢挪动，钻心的疼痛将他一次次击倒，他跌得浑身是伤，但康宁罕并不在乎身体上的疼痛，反而咬着牙挣扎着站起来。他坚信自己一定可以重新站起来，重新走路，甚至奔跑。经过了几个月痛苦的练习，康宁罕的两条腿可以慢慢地屈伸了，他在心底为自己默默欢呼："我站起来了！我站起来了！"

在医院里，康宁罕想起了离家两英里的一个湖泊，他怀念那里的蓝天，怀念那里的小伙伴。他想再次走到湖边，与小伙伴一起玩耍。有着这样一个美好的心愿，康宁罕更加努力地锻炼。两年之后，康宁罕凭借着自己的坚韧和毅力，走到了湖边。从此，他又开始练习跑步，把农场上的牛马当作自己追逐的对象，几年如一日，从来没有放弃过。最后，他的双腿奇迹般地强壮了起来。他不断地挑战自己，成为美国历史上著名的长跑运动员。

或许，康宁罕的身体是残缺的，但是，他的心灵却是非常完美的，即使遭受了这么大的磨难，他依然保持健康的心理，以乐观积极的心态面对。磨难虽然来得无声无息，总是悄悄地考验我们的毅力和坚韧，如果我们能够顽强抗争，逃离磨难的阴影，那么，我们将重新给心以幸福的方向，自己也将变得更加完美。

齐克果说："一旦一个人自我设限，并且一直认定自己就是个什么样的人时，他就是在否定自己，甚至不会自我挑战，只想任由自己一直如此，而这终将导致自我毁灭。"磨难是上天给我们的考验，它是一座人生修炼的高等学府，你是否能从这里毕业，将决定你人生的成败，磨难带给你的，比它本身更有意义。

人生是一个不断完善的过程，就像破茧成蝶，磨难后收获的是自由和美丽。人也一样，在磨难中，将得到重塑。经历了磨难，人将变得更加完美，同时也更接近成功。

每一次磨难都是一次人生历练，强者容易变得坚强，弱者容易变得软弱。想做一个完美的强者，就要不断地完善自己，克制内心沮丧、愤怒的情绪，勇敢地前行。面对磨难，不要自暴自弃，不要灰心丧气，勇敢向前，磨难将会成为你人生最珍贵的回忆。

挫折并不是坏事，它可以锻炼你的忍耐力

有人曾说："挫折就像是一块石头，对弱者来说，它是一块绊脚石，让他却步不前；对强者来说，生活是一块垫脚石，让他看得更远。"一个人如果经不起挫折，受不了历练，他就只会沉浸在挫折带来的痛苦中，心中除了怨气还是怨气，永远没有希望，也没有前进的方向。其实，挫折对我们来说，并不完全是一件坏事，在经受挫折的过程中，我们的忍耐力得到了锻炼，而从挫折中吸取的教训也将成为我们迈向成功的垫脚石。许多人在面对挫折的时候，表现得怨愤难平，似乎自己的遭遇是不公平的，他们习惯于抱怨他人，抱怨上天，却从来不思考自己能做点什么。一个想成大事的人，首先就应该锻炼自己的忍耐力，而不是被"败气"吞噬。

有一天，一头驴不小心掉进了一口枯井里。虽然一直陪伴在它身边的主人很想救出它，但是，那位农夫绞尽脑汁，想尽了办法也没能成功。几个小时过去了，那头驴还在枯井里痛苦地哀嚎着，心中的绝望大于愤怒，担心自己就要埋葬于此。

最后，农夫决定放弃，心想，这头驴反正年纪也大了，不值得大费周章把它救出来，但是，无论如何要将这口枯井填起来，以免其他动物掉进去。于是，农夫请来了左邻右舍，大家一起帮忙将枯井填满，同时也好免去驴的痛苦。农夫和邻居们手拿铲子，开始将泥土铲进枯井中。

那头驴很快了解到自己的处境，眼里满是怨恨，心中燃起了熊熊怒火：主人怎么可以这样对我？最后，它忍不住流下眼泪，并不断在枯井里发出痛苦的嘶叫声，似乎在向上天诉说自己的悲惨命运。但是，出乎意料的是，没过多久，这头驴就安静了下来，它不再生气，也不再悲伤。

那位农夫好奇地探头往井底一看，出现在他眼前的景象令他大吃一惊：当铲进枯井里的泥土落在驴身上的时候，它将泥土抖落在一旁，然后站到泥土堆上面。那头驴将大家铲进的泥土全部抖落在井底，然后站上去，很快，那头驴便爬了出来，大家都惊讶地捂住了自己的嘴巴。

爱默生说："困难是动摇者和懦夫掉队回头的便桥，但也是勇敢者前进的垫脚石。"当困难与挫折来临，事实已经无法改变，这时候，最重要的就是要以积极冷静的心态面对。刚开始，那头驴又是愤怒，又是绝望，不断在枯井里发出痛苦的嘶叫声，但是，处境依然没有改善，而且似乎变得更糟。眼看就要被埋掉了，在极度绝望之下，它安静了下来。当情绪平复下来之后，它竟然发现了一个解决困境的最好办法，踏着那些将要淹没自己的泥土，最后，它终于站在了井口处。如果这时候它能回想自己之前的表现，它肯定也会觉得：挫折并不算什么。有多大挫折，就有多大的忍耐力，最后，我们定会收获更多的丰硕果实。

哲人说："挫折造就生活。"凡是能够成大事者，都必须经得起挫折的历练，经得起失败的打击，因为成功需要风雨的洗礼。一个有追求、有抱负的人，总是视挫折为动力。挫折是他们成功的跳板，他们从来不抱怨挫折，也从来不会埋怨别人。

我们应该明白，挫折是人生的必修课，自己是否能顺利毕业，取决于内心忍耐力的强弱。所以，即使我们遭遇了挫折，也没有必要怨天尤人，抱怨只会无限扩大挫折的破坏性。面对挫折，我们需要做的就是不畏惧，直面挫折，将"怨气""败气"都吞到肚子里，将生活中的每一次挫折都看作是上天对我们的一次考验，只要心中怀着必胜的信念，我们就一定能战胜挫折，赢得成功。

失意时自我安慰，别让"生气"伤了你的元气

俗话说："高处不胜寒。"对许多人来说，在低处似乎才能更好地"休养生息"。在生活中，有的人吃不得亏，受到不公平的待遇，内心的怨气就一阵一阵往上冲，非要与别人争个你死我活，贪图一时口头之快，发泄内心的愤怒情绪。从某种程度上说，你似乎站立在高处，但是，实际上却已经失去了"休养生息"的机会。生气只会伤了我们的"元气"，影响我们的正常状态，让我们错失成功的机会。俗话说："好汉不吃眼前亏。"虽然，在很多时候，好汉是需要骨气的，应该站立在高处，但是在现实生活中，一旦遇到了人生的低谷，遭遇残酷的现实，即使心中立志高远，如果连最基本的生活保障都成问题，又怎么往高处走呢？

阿伟大学毕业后，为了锻炼自己的能力、积累社会经验，他选择了业务方面的工作。在公司，他担任的职位是协助新来的业务经理开展工作。那个业务经理刚来不久，脾气却很大，而且据阿伟观察，他的业务能力似乎很差，几乎都是依靠

下面的业务员拿业绩。另外，业务经理心胸狭隘，一点也不尊重人，总是带着命令的口吻与下属讲话。有时候，阿伟在工作中不小心出了错，经理也不顾及他的颜面，当众就把阿伟教训一顿。

面对这样的经理，阿伟心里也很窝火，因为自己经常是被训斥的对象。但是，他并没有发作，而是把怨气吞下去，始终赔着笑脸，因为他心里很清楚，摆在他面前的只有两个选择，要么和他大吵一架，然后走人；要么就是忍辱负重，休养生息，等待时机。聪明的他选择了后者，半年以后，公司高层发现了业务经理的问题，通过调查，认为他不适合做业务经理，就找了个理由把他辞退了。而阿伟因为一直表现不错，被公司任命为新业务经理。这下子，阿伟如鱼得水，很快把业务开展了起来，为公司创造了很大的经济效益，赢得了公司上上下下的尊重。过了几年，阿伟被提拔为主管业务的副总经理。每当谈起这一切的时候，阿伟就不无感慨地说："我能有今天，就是因为我当初懂得在低处休养生息，而没有意气用事！"

在生活中，我们难免会遇到一些坎坷与挫折，遇到一些不尽如人意的事情，在这个时候，千万不要任由心中的怨气乱窜，或者意气用事，而要以一种忍耐的姿态面对，平复激愤的情绪，以一份从容的心态去面对眼前的境遇，这才是一种审时度势、大智若愚的胸怀。处于最低谷，也不要灰心丧气，只要你没有丧失志向，就一定有东山再起的机会。

智者懂得这样一个道理：在人生的得意之时，可以欣赏高处的风景；在失意之时，可以在低处休养生息。有时候，我们要学会弯腰，懂得吃眼前亏，不要为了争执而伤了自己的元气。

凡事以平静心态面对，当你认为自己吃亏的时候，说不定这正是一桩一本万利的生意。不争执、不抱怨，从表面上看好像是一种损失，但从长远来看，却是一种智慧。当所有人都在向往"高处"的时候，你选择了休养生息，不仅为自己树立了良好的形象，还会让他人对你产生莫大的好感。

生活需要忍耐，这并不是对命运的屈服，而是对成功的铺垫和积累。当我们处于人生最低谷的时候，不要灰心，不要抱怨，就把它当作"休养生息"吧，保存自己的实力，蓄势待发。

第六章 用酸葡萄心理看待挫折，挫折是对人生的一种锻炼

调整情绪，迎难而上

挫折与失败锻炼了我们强劲的忍耐力，但是，这样似乎还不足以战胜挫折。战胜挫折既需要智慧，也需要平静的心态。我们要学会调整自己的情绪，尽量让自己保持平静，再决定如何面对挫折。当然，面对挫折，我们有两个必然的选择，即"停止向前"和"迎头赶上"。有的人在遭遇挫折与困难的时候，冷静地分析其利弊，如果继续前进，有可能遭到更大的失利，他们就会决定"停止向前"，休息片刻，再整装待发；有的人则不然，他们认为，迎难而上才是战胜困难的不二选择，所以，他们毫不犹豫地向前行，最后赢得成功。

威廉、约克和李维相约去美国旧金山淘金，当他们到达目的地后，却发现现实远没有想象中美好。在当地，比金子更多的是淘金者。面对这样的情况，三人都感到很失望，不知道该怎么办。

威廉满腹失望，却不甘心，既然来到了旧金山，寻找金子才是正确选择，于是，他还是决定去淘金，几年过去了，他依

然过着劳苦而贫困的生活。约克对淘金已经没有太大兴趣了，他暂时打消了淘金的念头，想在当地另谋生路，后来，他发现了废弃在沙土中的银，开始了冶银事业，几年过去了，他成为了当地的富翁。李维与约克一样，他觉得淘金虽然有可能成功，但是，面对比金子还多的淘金者，他预感做一个淘金的工人似乎并不是冷静的选择。平静下来之后，李维想到了自己的手艺，他决定卖耐磨的帆布裤，并创造了牛仔裤，后来，李维创立了世界名牌Levi's。

"偃旗息鼓"让约克和李维都获得了成功，只有威廉坚持不切实际的想法，最后只能成为一事无成的人。我们在面对逆境时，最重要的是保持情绪的平和，冷静地思考什么样的选择才是正确的。在成功的路上，有时候需要我们坚持到底，但若遇到了挫折与困难，懂得改变，懂得"偃旗息鼓"同样重要，千万不要固执己见，否则，只会让你离成功的目标越来越远。不过，在人生的逆境中，我们也需要足够的耐心，学会平复自己的情绪，获得成功最重要的是保持积极乐观的心态。

1832年，亚伯拉罕·林肯失业了，这令他十分难过，他下定决心要成为政治家，当一名州议员。但是糟糕的是，他在竞选中失败了，在短短的一年里，林肯遭受了两次打击，这对他而言无疑是痛苦的。接着，林肯开始自己创业，开办了一家企业，可还不到一年，这家企业倒闭了，林肯感觉老天似乎总是与自己作对。这是考验还是宿命呢？林肯不知道，但是，在之后的日子里，即使心中有怨，他还是到处奔波，偿还债务。不久之后，林肯又一次参加竞选州议员，这次他成功了，林肯内心深处有了一线希望，认为自己的生活有了转机，心想："可能我可以成功了。"

然而，人生的逆境好像永远没有结束的那一天。1835年，亚伯拉罕·林肯与漂亮的未婚妻订婚了，但离结婚的日子还差几个月的时候，未婚妻却不幸去世。林肯心力交瘁，几个月卧床不起，没过多久，他就患上了精神衰弱症，对任何事情都失去了信心，一种负面情绪萦绕在心中。1838年，林肯觉得自己身体好了些，他决定竞选州议会议长，但是，这次竞选他又失败了，不过，那份再接再厉的精神一直鼓舞着林肯，1843年，林肯参加竞选美国国会议员，这次他面临的依旧是失败。但是，林肯一直没有放弃，而是怀着一种平常心，他想：如果自己不在意失败，那么，事情或许将有转机。

1846年，林肯再次参加竞选国会议员，这次他终于当选了，但两年任期过去，林肯面临着又一次落选。1854年，他竞选参议员失败，两年之后他提名美国副总统，被对手打败，两年之后他再一次参加竞选，还是失败了。无数次的失败，让林肯练就了平和的心态，无论成功与失败，他的心都十分坦然，或许，正是那份平和的心态，铸就了他最终的成功，1860年，亚伯拉罕·林肯当选美国总统。

孟子曰："天将降大任于是人也，必先苦其心志，劳其筋骨，饿其体肤，空乏其身，行拂乱其所为，所以动心忍性，曾益其所不能。"每一次失败，林肯都以平和的心态面对，而且敢于迎头赶上，在这一过程中，命运似乎也在跟他暗暗较劲，然而，林肯最终驾驭了自己的命运。回顾历史，我们不难发现，林肯的一生就是挫折的一生，失败总是在伴随着他，但是，我们从他身上发现，只要善于调整自己的情绪，凡事平静面对，鼓起勇气，一次次尝试，总有一天我们会获得成功。

其实，任何一种选择都需要根据事实情况而做出，无论是"偃旗息鼓"还是"迎头赶上"，都不过是一种谋略，都能帮助我们战胜挫折，赢得人生。而谋略的关键在于我们要有平和的心态。只有充分冷静地思考，才有可能做出正确的选择。所以，即使遭遇了逆境或挫折，也不要被负面情绪所困扰，而是要学会调整自己的情绪，以一种平和的心态来决定是"偃旗息鼓"，还是"迎头赶上"。

既然痛苦无法回避，就接纳它

王阳明有言："凡'劳其筋骨，饿其体肤，空乏其身，行拂乱其所为，动心忍性，以曾益其所不能'者，皆所以致其良知也。"意思是自古至今，凡成大事者都经历了一番苦痛挣扎。人生需要磨炼，只有经历了才能真正懂得，才会真正蜕变。王阳明从12岁立志做圣贤之人，到悟道已经年至三十有余，这一路可以说是曲曲折折，从最初的沉溺侠客之行，而后沉溺骑射，接下来考科举沉溺辞章，步入仕途又沉溺修行，最后一次沉溺佛学，一生经历坎坷，最终成为一代心学大师。

有一句名言："请享受无法回避的痛苦，比别人更早更勤奋地努力，才能尝到成功的滋味。"只有忍耐风雨，才会等来彩虹。自古以来，卓有成就的人大多是抱着不屈不挠的精神，在忍耐枯燥与痛苦之后，从逆境中奋斗挣扎过来的。在人生的道路上，我们常常会遭受挫折与困难。对于挫折，人们有着不同的理解，有人说挫折是人生道路上的绊脚石，有人却说挫折是垫脚石。与河流一样，人生也需要经历磨炼才会更美丽，经过枯燥与痛苦之后，才能收获成功的果实。

枯燥与痛苦是成功的必经之路。人生不可能一帆风顺，总是会有这样或那样的挫折与困难，这就需要我们忍耐战胜挫折过程中的枯燥、痛苦，甚至是失败。如果没有坚强的意志力，就难以忍受这些不如意，最后就不能获得成功。在忍耐之后继续奋斗，这样你才有力气走到最后，才能走上通往成功的路途。

许多年前，一位颇有社会地位的女性到一个学院给学生发表讲话。虽然这个学院的规模并不是很大，但这位女性的到来，使得本来不大的礼堂挤满了兴高采烈的学生，学生们都为有机会聆听这位大人物的演讲而兴奋不已。

只见演讲者走到麦克风前，左右扫视了一遍，开口说："我的生母是残疾人，我不知道自己的父亲是谁，也不知道他是否还活在人间，我这辈子拿到的第一份工作是到棉花田里劳动。"

台下的学生们都呆住了，那位看上去很慈祥的女人继续说："如果情况不尽如人意，我们总可以想办法加以改变。一个人若想改变眼前的不幸或不尽如人意的情况，只需要回答这样一个简单的问题。"接着，她以坚定的语气接着说："那就是"我希望情况变成什么样？"然后全身心投入，朝理想前进即可。"说完，她的脸上绽放出美丽的笑容："我的名字叫阿济·泰勒摩尔顿,今天我以美国唯一一位女财政部长的身份站在这里。"顿时,整个礼堂爆发出热烈的掌声。

阿济·泰勒摩尔顿的生母是残疾人,她不知道亲生父亲是谁,她是一位没有任何依靠、饱受生活磨难的女性,而恰恰是这位外表柔弱的女性,竟成了美国唯一一位女财政部部长。说到自己的成功,她只是轻描淡写地说:"我希望情况变成什么样,然后就全身心投入,朝理想前进即可。"她忍耐了风雨,最后等来了彩虹。

格哈德·施罗德出生在一个工人家庭,小时候,父亲在战争中牺牲,施罗德兄妹五人与母亲相依为命。有一段时间,他们住在一个临时搭建的收容所里,尽管母亲每天工作14小时,但仍然不能满足家里的开支。年仅6岁的施罗德总是安慰母亲:"别着急,妈妈,总有一天我会开着奔驰来接你的。"

逐渐长大的施罗德进了一家瓷器店当学徒,后来又在一家零售店当学徒。在之后的10年里,他读完了中学和夜校,后来到格廷根攻读法律。大学毕业后,他获得了律师资格,成为一名律师。不久之后,他当选为格廷根地区青年社会主义者联合会主席。在以后的日子里,施罗德一直活跃于德国政坛,46岁那年,施罗德再次竞选成功,成为萨克森州州长,就是在这一年，施罗德实现了儿时的诺言，开着银灰色奔驰轿车将母亲接走了。也许是儿时的苦难记忆，使施罗德在人生的道路上丝毫不敢懈怠，8年之后，施罗德一举击败连续执政16年之久的科尔，当选为德国新总理。

童年时期的施罗德曾在杂货铺里当学徒，那时他常说的一句话是："我一定要从这里走出去！"他成功了，而且比自己想象中走得更远。即使成功的路上伴随着困难，施罗德也从来没有把困难当回事，儿时的记忆让他明白：自己必须忍耐贫穷生活带来的枯燥与痛苦，不断地向前行，才能等来彩虹。

如果经不起挫折，忍受不了挫折带来的痛苦与失败，我们就将被毫无希望的生活击倒，永远没有前进的方向。凡是能够成大事者，必须耐得住痛苦，忍受得了失败的打击，因为成功需要风风雨雨的洗礼，而一个有追求、有抱负的人，总是会视挫折为动力。在忍耐了那么多的枯燥与痛苦之后，我们将看见最美丽的彩虹。

既已失败，微笑接纳并迅速作出调整

正所谓："人有悲欢离合，月有阴晴圆缺。"的确，人生无常，没有永远的平平坦坦、一帆风顺，遇到些挫折和磨难在所难免。在失败中学会坚强，才能更好地感知生活、拥抱生活、创造生活、享受生活。

不少人都渴望成功，但结果并不一定如我们想象，似乎总是会出现无法预料的因素。那么，面对不能避免、不可改变的失败的事实，最好的态度就是认清事实，然后迅速调整自己的状态，找到问题的症结，重新起航。

我们都要明白这样一个浅显而深刻的道理，人的一生要经历许许多多的挫折。我们承受的挫折越多，说明成功的机会越大。面对挫折和失败，我们应该勇敢地、微笑地接纳它。如果你能鼓起勇气，尽自己最大的努力去战胜它，那么你就会发现，挫折和磨难的阴霾被驱散后，头顶上便是一片蔚蓝的天空。挫折和磨难对强者来说，是上天给予的奖励，强者可以从中自省自悟、吸取教训、重整旗鼓。挫折就是一份财富，经历就是一份拥有，淬火洗礼，越挫越坚，越挫越勇。我们从中得到淬炼，变得成熟，得到成长，拥有收获，此时的挫折和磨难，只不过是我们成功道路上的一块垫脚石。而挫折和磨难对弱者来说，是一道深不可测、无法逾越的鸿沟，甚至是他们的坟墓。驻足在这条鸿沟旁边，他们瞻前顾后、徘徊观望、唉声叹气，却没有想到这条沟正是自己挖的。他们失去了战胜挫折和磨难的信心与勇气，放弃了很多本该和本能得到的美好东西。

我们最重要的工作，并非眺望遥远的、朦胧的事物，而是做好切近的、明确的工作。或许我们在日常生活中，也会遭遇一些不同的挫折。这时候，要学会接受已经发生的事实，这是克服挫折的第一步，然后寻找解决的办法，让自己从挫折中站起来。

在顺境中多思考，我们能保持清醒的头脑，不断前进；在逆境中多思考，我们会找到失败的症结，踏上通往成功的道路。

因此，我们要追求成功，就必须做好随时迎接艰难险阻的准备，不要因为一时的失败而灰心丧气，而应该勇敢面对、努力拼搏，始终坚信"阳光总在风雨后"。古往今来，所有的成功者都懂得"失败乃成功之母"的道理，为什么我们就偏偏要被失败打倒呢？

那么，我们该如何调整失败后的情绪，然后重振旗鼓呢？

首先,要积极暗示自己。生活是千变万化的,悲欢离合,生老病死,天灾人祸,喜怒哀乐,都在所难免。一次被拒绝的失望,一场伙伴的误会,一句过激的话语,都会影响我们的心情,生活中不顺心的事总是很多,这就需要我们学会调节自己的心态。怎样调节呢?最简单有效的做法就是用积极的暗示替代消极的暗示。当你想说"我完了"的时候,要马上替换成"不,我还有希望";当你想说"我不能原谅他"的时候,要立即替换成"原谅他吧,我也有错呀"等,要养成积极暗示的习惯。

其次,告诉自己"总会有别的办法可以办到"。在竞争激烈的市场中,每天都有公司成立,也有公司停止运营。那些半路退出的人说:"竞争太激烈了,还是退出保险些。"而真正失败的原因在于,他们遭遇障碍时只想到放弃。如果认为困难无法解决,就会真的找不到出路。因此,你一定要拒绝"无能为力"的想法,告诉自己"总会有别的办法可以办到"。

我们的人生就如同大海里的船舶,随时都可能经历风浪,没有不受伤的船,也没有不经历磨难的人生。面对失败,我们不应该一味地怨天尤人和自暴自弃,而应该学会坚强,学会乐观,学会控制好情绪,更要学会调整自己的心态。保持好精神,拥有好心情,才是至关重要的。

第七章

命运抛来酸柠檬,你也要把它做成甜的柠檬汁

平衡心理，无须相互攀比

攀比的心理在每个人的心中都存在，即使你拥有豁达的胸怀，但只要你是一个积极进取的人，这种好胜之心就会让你在跟别人的比较中，或多或少地失去平稳的心态，失去本来的自我。

在这个浮躁的社会中，自己才是生活这个坐标系的原点。我们每个人都要把握好自己的心态，不必在乎他人的财富胜我多少、才气高我几许，因为人与人是有差别的，甚至是天壤之别。能够明白"人比人，气死人"的道理，就会洒脱许多，开心许多，轻松许多，这也是生活的一大平衡术。

每个人的成长环境不同，天资和努力程度不同，在若干年后，必然会呈现长短不一的局面。用自己的长项和别人的短项比，优越感十足；而看到别人在哪方面比自己强，自己无法企及，就失魂落魄、垂头丧气，这样的人未免活得太累了。一个人内心的平衡就这样被轻易打破，哪还有安宁和快乐可言？

不随意贬低别人，也不因为别人的才学而感到自卑。一味想着表现自己的人，在夸耀自己的同时，心就已经失去了平衡，就已开始伤害别人，最终很可能也会伤害自己。

我们常说职业不分贵贱，就像船夫会划船，诗人会作诗一样，各自有各自的本领，不必过分炫耀或羡慕。生活中，我们会听到很多抱怨，如别人穿得比自己漂亮、吃得比自己讲究、住得比自己舒适等，还有乡村的羡慕城市的、钱少的羡慕钱多的、地位低的羡慕地位高的、权轻的羡慕权重的……

仔细想想吧，当你在羡慕或嫉妒别人时，你身边又有多少人羡慕你有一份酬劳可观的工作或者有一个幸福美满的家庭呢？世间不如意事常八九，每个人的人生道路都不可能平平坦坦，毫无波澜。如果自己都不知足，一味地跟周围的人攀比，伤心失望恐怕也是在所难免。

要想拥有不攀比的轻松满足的心境，我们不妨做到以下几点：

1.保持反思的习惯

在生活中，当自我价值无法得到肯定，自己的需求无法得到满足的时候，那就需要反思，调整自我与客观现实之间的距离。假如不及时反思自己，总是一味地怪别人，心境就容易变得烦躁，使自己经常处于沮丧的状态，甚至会产生悲观的想法。

2.不要总是向人诉苦

如果遇到困难或令人焦虑的事情，不要抱怨、向人发牢骚，或是到处向人诉苦和辩解。因为这样并不能帮你摆脱痛苦，只会白白浪费时间。自己遇到的烦心事，想必别人也经常遇到，并非上天故意为难自己。只要这些事情过去了，就没什么大不了，这样想，就会减轻自己的心理压力，让自己的心灵保持平衡。

3.善于分析并总结经验教训

事实上，没有一个人的人生是完全顺利和平坦的，每个人都会遇到烦恼或遭遇厄运，主要是看自己用什么态度面对，用什么方法解决。对自己遇到的事情，要善于分析，总结经验教训，毕竟经历也是一笔财富。同时，多关注自己所拥有的，慢慢就会意识到自己是很幸福的。

4.无法改变就必须接受现实

我们必须明白一个道理，这个世界上并没有真正意义上的公平。每个人一生下来，许多东西就注定了不平等，如出身、相貌等，这就是残酷的现实。当然，有些东西是可以通过奋斗改变的，不过对我们无法改变的东西，则必须接受现实。

5.正确对待来自外界的评价

保持自知之明的前提是，正确地对待来自外界的评价。平时要多与朋友们沟通，了解别人对自己的评价，同时正确地估量自己的能力，对事情的期望值不能太高，尤其是当自己的某些期望无法满足时，就需要说服自己，自我安慰。

心理平衡通常是自己给自己的,并不是别人给的,它需要靠自己的智慧维持。不管发生什么事情,都是有原因的,平时要多反思自己的行为与言语,凡事从实际出发,脚踏实地,一步一个脚印,不要太心急,自然就会保持平衡。

第七章 命运抛来酸柠檬,你也要把它做成甜的柠檬汁

生活是酸还是甜,由你自己决定

卡耐基说:"如果只有柠檬,就做杯柠檬汁。"当你第一次尝到柠檬时,那种酸入心脾的味道一沾舌尖,会让你立即龇牙咧嘴,忙不迭地吐出来。如果上天给你的是个柠檬,的确是一件让你比较郁闷的事情,如果命运交给你一个酸柠檬,你得想办法把它做成甜的柠檬汁,并告诉自己:"这是甜的,我喜欢。"

柠檬是又苦又酸的,难以下咽,可是如果你把它榨成汁,加上糖,倒进蜂蜜,就会变成味道很好的柠檬汁了。虽然生命给了我们酸苦,但我们可以让它变得甘甜,有的人不幸拿到柠檬,他就会自暴自弃地说:"我垮了。这就是命运,我连一点机会都没有。"然后他开始诅咒这个世界,让自己沉溺在自怜之中。而聪明的人拿到柠檬的时候,会说:"从这不幸的事件中,我该怎样改变人生呢?我怎样才能改善我的情况,把这个柠檬做成一杯柠檬汁呢?"所以,学会把自己手中的柠檬做成一杯可口的柠檬汁,这会让你的人生充满了甘甜和愉悦。

酸葡萄定律

有一位美国的农夫，他经过了多年努力的工作之后，终于用自己存起来的钱买了一块价格便宜的田地。可是买完地之后，他的心情却十分低落，因为他买的那块土地非常贫瘠，根本不适合种植任何农作物，除了一些矮灌木、响尾蛇，其他什么东西都无法活在这片土地上。

他整日为这件事忧虑着，后来他想到了一个主意，能把这个负担变为资产，把这个挫折变为机会。于是，他不顾身边人诧异的眼光，开始捕捉地上的响尾蛇，又去买了些机器来生产响尾蛇罐头。几年之后，他的农庄变成了当地十分有名的观光景点，平均每一年有两万名观光客前来参观。

后来，这位美国农夫的生意越做越大了。他把响尾蛇的毒液送往美国实验室制作血清，而响尾蛇的蛇皮则以高价售出，用来生产女性的鞋与皮包，然后把蛇肉装罐卖到世界各地。后来，他们村的邮戳改为"佛罗里达州响尾蛇村"，以表达对这位农夫的敬意。

那位美国农夫看见自己用所有积蓄购买的土地一片荒芜的时候，他并没有马上放弃，而是思考怎么利用这一片贫瘠之地，于是他针对土地上盛产响尾蛇这样的特点，开始制造罐头，还利用起响尾蛇的毒液、蛇皮，最终使自己取得了巨大的成功。

第七章 命运抛来酸柠檬，你也要把它做成甜的柠檬汁

上天开始只是给了农夫一个酸柠檬，但是他没有因柠檬的酸苦而扔了它，反而思考怎么把一个酸柠檬做成柠檬汁。他的成功主要就在于他自己的心态，乐观、积极向上的心态使他最终取得了成功。

北欧有一句话："冰冷的北风造就了强盛的维京人。"上天把冰冷的北风给了维京人，但是坚强的维京人没有因为北风就丧失了生活的方向。当面对一些生活中的困难，悲观的人只会怨天尤人、自暴自弃，甚至一蹶不振，所以失败总是紧紧地跟着他们；而乐观的人就会思考，怎么把一些不利的条件转化为优势，为自己所利用，所以他们往往能够登上成功的宝座。

生活中，我们要时刻保持乐观的心态，这样才会使自己的每一天都充满快乐。一个拥有乐观、积极、向上心态的人，通常能够取得工作的成功，获得生活的幸福。因为，在面对工作和生活中的一些困难或者挫折时，他们能够以一颗平和的心去对待，而不是选择放弃。

我们要学会给自己的生活增添一些快乐，将酸柠檬变为柠檬汁，时刻以乐观的态度面对挫折，这样才能找到通往快乐王国的钥匙。如果你只是顾影自怜，即使住在美丽的城堡里，你恐怕也很难找到快乐。

酸葡萄定律

活在当下，别为明天烦恼

古人云："生于忧患，死于安乐。"这句话告诉我们，只有忧患警醒才能使人发展，安逸享乐则会使人萎靡。可是，如果我们总是没完没了地考虑明天，内心时刻存在沉重的焦虑，那么，我们如何活在当下呢？虽然，人们常说"防患于未然"，但是，如果一个人对未来过度地焦虑和担忧，时间久了，就会产生心理负担，整个人都被笼罩在消极的情绪之下，这样一来，极有可能导致每一天我们都生活在忧虑之中，阳光照射不进我们的生活。对未来生活的焦虑和恐惧，成为现代人普遍的一种心理，即使当下的生活过得还不错，他们也还是会不自主地担心未来的生活，总是没完没了地考虑明天会怎么样。因此，为了有效控制自己的情绪，不要总是没完没了地忧虑明天，不妨尽心做好当下的自己吧！

一位著名的心理学家为研究"忧虑"问题，做了一个很有趣的实验：

心理学家要求实验者在一个周日的晚上，把自己未来7天内所有忧虑的"事情"都写下来,然后投入一个"烦恼箱"。三周过去了,心理学家打开了"烦恼箱",让所有实验者一一核对自己写下的每个"烦恼"。结果发现,其中百分之九十的"烦恼"并没有真正发生。

这时,心理学家要求实验者记录正在经历的"烦恼",并重新投入"烦恼箱"。三周很快过去了,心理学家又打开了"烦恼箱",让所有实验者再一次核对自己写下的每个"烦恼",结果发现,那些曾经的"烦恼",很多已经不再是"烦恼"了。所有的实验者都感觉到,烦恼总是预想的比较多,实际发生的往往很少。对此,心理学家得出了这样的结论:一般人所忧虑的"烦恼",有50%是明天的,只有10%是今天的,而最终的结果是,至少有90%的烦恼是自己想出来的,今天的烦恼则是完全可以轻松应对的。

许多人总是没完没了地忧虑明天,自己找来了许多烦恼,这就是所谓的"烦恼不寻人,人自寻烦恼"。对医生来说,他们心中有一个秘密,那就是:大多数的疾病是可以不治而愈的。有的医生甚至断言:"许多人之所以生病,完全是自己无聊坐在那里胡思乱想,结果,多么美好的一个明天,硬是被他自己设想出许多灾难来。"

酸葡萄定律

有一位年轻人，总觉得自己生病了。于是，他就去图书馆借了一本医学手册，想看看自己到底得了什么病。他先看了癌症的介绍，突然，他意识到自己患癌症已经好几个月了，顿时被吓住了。后来，他想知道自己还患了什么病，就依次读完了整本医学手册，一下子明白了，除了膝盖积水症以外，自己身上什么病都有。当他走出图书馆的时候，已经变成了一个全身都有病的老头。

他决定去找医生，见到了医生，说："医生，我不给你讲我有哪些病，只说我没有什么病，我已经活不长久了，除了膝盖积水症，其余什么病我都有。"医生给他做了诊断，然后开了一张处方给年轻人。年轻人顾不得看，马上塞进口袋，立即跑向药店。到了那里，年轻人把处方匆匆递给药剂师，谁知，药剂师看了一眼，就把处方退给他："这是药店，不是超市，也不是饭店。"年轻人惊讶地接过处方一看，上面写着：煎牛排一份，啤酒一瓶，6个小时一次；10英里的路程，每天早上走一次。年轻人照做了，他一直健康地活到了现在。

年轻人对身体担忧太多，以至于怀疑自己生病了，结果，经过医生诊断，他什么病都没有，有的只是心病。现代社会，人们越来越焦虑，内心隐藏着一种未知的恐惧，担忧自己的生存状况，担忧明天。实际上，这样的人并不在少数。

面对着一群研究生的拜访，心理专家从房间里拿出了许多水杯摆在茶几上，杯子各种各样，有的是玻璃杯，有的是瓷杯，有的是塑料杯，有的是纸杯，学生们各自拿了一个杯子喝水。当学生们拿起了杯子，心理专家开始说话了："大家有没有发现，你们挑选的杯子都是比较好看、比较别致的，像这些塑料杯和纸杯，都没有人拿走。其实，这是人之常情，谁都希望手里拿着的是一个好看一点的杯子，但是，我们需要的是水，而不是水杯，所以说，杯子的好坏，并不影响水的好坏。"

接着，心理学家解释道："想一想，如果我们总是有意或无意地把选杯子的心思用在了考虑明天的事情上，我们的生活还能够平静吗？"一位学生摇摇头："当然不，烦恼会接踵而至。"

有时候，我们花了过多的时间考虑明天会怎么样，担心明天会发生什么，结果，当下的今天我们却没能过好，反而置自己于忧虑之中。

有一位成功人士毫不忌讳谈起自己的焦虑："现在我的公司刚刚上市，一切都在起步阶段，许多人恭贺我成功，我却感到忧心忡忡，未来的种种困难在某个阶段等着我。同时，我每天外出应酬，常常喝酒，导致身体每况愈下，对于明天，我真的十分焦虑，害怕它的到来，更害怕随着它而来的无限的挫折和挑战。"其实，即使再焦虑，我们也不能改变未知的明天，不妨调整好自己的情绪，以坦然的心境面对今天，尽心尽力做好自己，不要考虑过多。

明天到底会怎么样呢？我们无从得知。因为明天还没有到来，即使我们对明天有诸多幻想，也应该往好的方面想，而不要总是担心这样或那样，不然既忧虑了今天，也给明天蒙上了一层阴影。所以，尽心做好当下的自己吧，至于明天，就少去考虑和担忧吧！

想要拥抱好情绪，就要有阳光的心态

如果你背后有阴影，别担心，那是因为你前面有阳光。对每个人来说，悲观、抑郁就是飘浮在天空中的乌云，那是一种令人恐惧的负能量。它遮住了生活的阳光，给我们的心情带来了无尽的阴霾。对此，如果我们想要拥抱好情绪，就应该远离悲观、抑郁，积极乐观地活着。悲观的心境是一团火苗，它会不断壮大，直至成为一团烈火；而乐观则好像是喷雾剂，将那些在体内暗暗滋长的负能量慢慢溶解，然后消失不见。

卡耐基在小时候经常因为自己又宽又大的耳朵成为同学们嘲弄的对象。有一次，班上一个叫怀特的男孩与卡耐基发生了争吵，生气的卡耐基说了几句刻薄的话，怀特被激怒了，便恐吓他说："总有一天，我要剪掉你那双讨厌的大耳朵。"这可把卡耐基吓坏了，他几个晚上都不敢睡觉，害怕自己在进入梦乡以后被怀特剪掉耳朵。

童年的卡耐基就发现，自己具有与生俱来的忧郁性格，他曾向朋友倾诉："烦恼伴随着我的一生，我一直想弄明白自己的忧虑来自何处。"童年的卡耐基恐惧的事情有很多：下雨时，担心会不会被雷劈死，年景不好时担心以后有没有东西吃，还担心死后会不会下地狱。他长大之后更加胡思乱想，想自己会不会被女孩子取笑，担心没有女孩子愿意嫁给自己。不过，后来他才发现，那些自己十分恐惧的事情，大部分都没发生。

试想，像卡耐基这样没有自信，几乎被各种各样莫名其妙的忧虑缠绕的小伙子，最终却成为了让人们自信、乐观的心理激励大师，这需要经历怎么样的一个过程呢？这一切都是因为卡耐基一直相信：如果你背后有阴影，那是因为你前面有阳光。

积极乐观的心态会让自己的体内的"负面情绪"无处藏身，而对那些习惯于活在抑郁、悲观里的人，一点小小的烦恼恰似一颗毒瘤，每天都在不停地生长着，最终，毒瘤化脓，而他自己则被负面情绪吞噬了。所以，如果你不想继续败给负面情绪，不如先学会培养积极乐观的心态，有了这样的心态，再多的"负面情绪"也不怕。

其实，无论你处于什么样的境地，多角度看问题，你就会发现，当我们打开了心灵的另一扇窗户，你就会发现人生的美好，而我们遭遇的那些根本算不了什么。

失败时，最好的态度就是接受并乐观面对

人生道路上，总是会出现我们无法预料的因素，我们渴望成功，但结果并不一定如我们想象。那么，我们在不能避免、不可改变的失败面前，最好的态度就是接受现实，做出积极乐观的反应。

然而，在面对困难和失利时，我们总是听到一些人不停地抱怨，不断地自责。这样做，只会把自己的心境弄得越来越糟。这种对已经发生的无可弥补的事情不断抱怨和后悔的人，注定会活在迷离混沌的状态中，看不见前面一片光明的人生。

事实上，我们的生命正因为挫折而精彩。因此，在挫折面前，我们必须要具备一定的承受挫折的能力，在既定事实面前，与其终日惴惴不安，不如坦然接受，当然这需要我们历练一份坦荡的心境。只有这样，我们才能以豁达的胸怀面对生活中的每一份酸甜苦辣，让原本平淡乏味的生活焕发出迷人的光彩。

莎士比亚说过："聪明的人永远不会坐在那里为自己的损失而哀叹，他们会用情感去寻找办法来弥补自己的损失。"美

国著名文学家华盛顿·欧文曾有过这样一句名言:"人世间的任何境遇都有其优点和乐趣,只要我们愿意接受现实。"这句话也是在说,无论发生了什么,我们首先要做的就是接受它,然后适应它,只有这样,我们才能以崭新的面貌走出困境。

有句话说得好,"不经一番寒彻骨,怎得梅花扑鼻香",一个人只有不断经历摔倒的苦痛,才能脱胎换骨。挫折,一个谁也不想遇到,但谁也无法避免的东西。所有的人都畏惧它的存在,这都是因为人们并没有真正理解挫折的本质。挫折本身是无罪的,可是人们却十分讨厌它。其实,正是挫折使我们的生活变得更加精彩,使我们获得成功。如果你从未经历过挫折就直接获得了成功,那么,你就不会去努力创新,等待你的将是两个极端:光辉的一生或一辈子的失败。而如果经过挫折才成功,你将会拥有最高的荣耀,你不会因为没有创新而被淘汰,也不会因失败而黑暗一辈子。

有位哲人说过:"假如上帝在你面前撂下了一座山,那么你绝不要在山脚下哭泣!翻过它就是了!"多么富有哲理的话呀!我们确实要用希望的力量武装自己,勇敢地翻越挡在自己面前的那一座座生活的高峰。所以,无论遇到多么难办的事,我们都要保持积极乐观的心态,相信一切问题都会解决的。

总之,心态不仅体现一个人的智慧,更决定一个人的生活、命运和价值取向。心态是我们成功的关键,生活中每一个成功者都是心态的主人。良好的心态对我们的成功具有决定性的作用，我们不管做什么，首先应该学会保持良好的心态。而一个人，只有学会承受失败，才能有精力去为成功创造条件。

你选择了快乐，快乐就会选择你

在人类的思维中，潜意识是非人格化的，是没有选择的，对我们给它的指示，是全盘接受的，所以，意识的选择，如想法、前提等，是极为重要的。只有选择正确，你的心里才能充满快乐。

所以，心理学家称，一个人的心理状态，快乐或者是悲伤，都是潜意识传达出来的选择。我们要想获得快乐，就要从潜意识中选择快乐。

正如天气有晴有阴一样，阳光不会一直照耀着我们，我们在人生旅途中也不会一帆风顺，但无论如何，只要我们选择快乐，我们的心就是快乐的；而如果我们选择了悲伤，悲伤就会被我们装进行囊，那么，恐怕我们的路会越走越艰难，步子也会越来越沉重。所以，我们要有好的心态，首先就要选择积极的意识。

那么，我们现在试想这样一幅画面：春日里，循着一片清新的气息，你来到溪畔，晨光洒在娇羞的花骨朵儿上，于是，它们忽然热烈地一层一层漾开绯红的面孔，好像被点燃起来的火光，与天空推涌泼洒过来的流霞浑然一体。当阵阵沁人心脾的幽香随风拂面，你的嘴角自然而然地拉开一条柔和的弧线，这微笑其实是油然而生的一种对生命惊叹和感激的欢愉。

在你看来，这是一幅美丽的画面，但你生活的周围，却有这样一些人，他们总把眼光盯在那些偶尔飘零的落叶、清溪上的片片花瓣上，于是，他们不禁伤感起来。这样的人，他们慈心厚爱、心思细腻，却缺乏宽容、辩证的智慧，欢笑对他们来说是一件奢侈品。

可能你也会问，怎样才能具备积极的心态、笑对生活呢？其实，这完全在于我们自身意识的选择。

曾经有两个人一起旅行，他们在沙漠中走了很久，食物早就吃完了。他们停下来休息的时候，其中一个人拿出剩下的半壶水，问另外一个人："现在你能看到什么？"

被问的人答道："只有半壶水了，哎……"

而发问的人说："我看到的是，居然还有半壶水，我们还能撑一段时间。"

最终，发问者靠着剩下的半壶水走出了沙漠，而被问的人却只走了一半，最终葬身在沙漠中。

为什么同样是半壶水，两个人的想法却完全不一样，最终结果也不一样呢？这就是因为他们的心态不同。你拥有什么样的心情，世界就会向你呈现什么样的色彩。

因此，我们在未来的人生路上，无论命运把你抛向怎样险恶的境地，你都要毫不畏惧，用你的笑容去对付它！你可以从一个新的角度，看待一些一直让你裹足不前的经历。你可以退一步，想开一点，这样你就有机会说："或许那也没什么大不了的！"

所以，任何一个渴望成功的人，在奋斗之前都要修炼好自己的积极心态，这样，在追求人生目标的路途上，才能做到无论遇到什么事都能坦然面对。

使你感到悲伤的，一般都是过去的不快乐的记忆，或者是失败，或者是痛苦。或许你也明白，只有放下悲伤才能快乐，但你的内心似乎总是不听使唤，你也无法从过去的悲伤中真正跳出来。对此，你不妨从反方面思考，既然过去了，就让它过去吧，沉溺在悲伤中，也无济于事。既然如此，忘记过去的成功与失败吧，给自己一个全新的开始，我们便会从新一天的朝阳里看见另一次成功的契机。记住，无论你在人生的哪个时刻被命运甩进黑暗，都不要悲观、丧气，这时候，你体内沉睡的潜能最容易被激发出来。放下痛苦才能赢得幸福，放下烦恼才能赢得欢乐！

因此，抛却那些伤心的往事吧，抛却那些失败后的懊恼吧，若想开心地生活，就必须勇于忘却过去的不幸，开始新的生活。

总之，快乐的人总会给自己创造快乐，悲伤的人也总让自己变得悲伤，不是生活让你怎么样，而是你使生活怎么样。我们每个人都有自己快乐，只是需要找到它，那就是幸福了。

第八章

利用心理暗示的力量，
自动将负面暗示关在门外

自我屏蔽，别让那些负面暗示伤害你

自从我们来到这个世界上，无论是否愿意，我们都在接受来自外界的暗示，这些暗示有积极的，自然也有消极的，但由于我们不了解这些消极暗示的负面影响，我们只好被动接受。比如，"你做不到的""你是个失败者""你错了""你太没出息了""你已经老了""你再怎么努力都没用""事情越来越糟糕了"，如果你相信了这些暗示，你的生活一定也会变得越来越艰难。

我们都知道，消极、负面的字眼会对你产生消极的影响，导致消极的行为。面对同样难度的事，有的人对自己充满信心，相信自己"很快就能做到"，有的人则缺乏信心，怀疑自己"根本做不到"。两种不同的心态，结果会大相径庭。前者是积极的暗示，即使遭遇失败，也会把做得好的地方深深印在脑子里，成为成功的基石；而后者则是消极的暗示，往往把失败的印象留在脑海中，这样下次做起来就会畏首畏尾，费力费神多了。

其实，你完全可以在内心建立积极的自我暗示，以此重塑自己的人生观。为此，你需要认识到外在的暗示在自己身上产生了多么大的影响，如果你不能清楚地认识到这一点，那么，它们将继续影响你的行为，制造失败和痛苦。而建设性的、积极的自我暗示则能帮助你从这些负面的影响中走出来，帮助你养成好的习惯，享受积极健康的人生。

永远不要对自己说"我很笨""我根本学不会""我不可能成功""我麻烦了""我真糟糕""我绝对不行，我肯定会失败""我一定赢不了"……消极、负面的字眼会让你受到消极的暗示，导致产生消极的行为。如果你经常对自己进行积极的暗示，如对自己说"我很快就能学会""我非常棒""我一定能赢"，就会逐渐产生积极的思维和行为。

心理专家指出，人们的负面心态和情绪，很多时候是消极暗示的产物，也就是说，反过来，我们多给自己积极的暗示，就可以提高自信心。自我暗示法能使你从困难和逆境造成的不良情绪中振作起来。当坏心情降临时，你可以用某些哲理或名言安慰自己，鼓励自己同痛苦、逆境作斗争。自娱自乐会使你的情绪好转。

比如，当你遇到了困难，正想放弃时，你可以告诉自己"我是最棒的，我一定能重新站起来""别发火，发火会伤身体"。

另外，语言也是激励自己最好的工具。语言是影响情绪强有力的工具,当你悲伤时,朗诵滑稽的语句,可以消除悲伤。

对此,我们一定要摒除那些消极的习惯用语。这些消极的习惯用语一般有:"我好无助!""我该怎么办?""我真累坏了"……相反,我们可以这样来激励自己:"忙了一天,现在心情真轻松!""我要先把自己家里弄好!""我就不信我战胜不了你!"当然,其他一些积极的信息也能对你起到暗示作用。

我们要主动屏蔽那些负面的、消极的暗示,主动接受正面信息。每天早上,当你起床后,就要接触那些积极的信息,如果可能的话,和一位心态积极者共进早餐或午餐。在开车或者坐车去上班的路途中,你最好听一些愉快的音乐。晚上,你不要花大量时间玩网络游戏、看电视等,而是应该多陪陪你的家人和孩子,向他们讲讲当天的趣事。

我们在内心建立保护屏障的时候,要多用肯定句。我们也许都有这样的经验,骑车时,看到前面有一棵大树,你不断告诫自己:"千万不要撞上去。"这时你可能就真的会撞上去。也就是说,你想努力做到"千万不要撞上去",反而会由于"相悖意象"的法则而使你遭到失败。正确的想法应该是:"我一定能够绕过去。"这样才能获得你想要的结果。因此,应把你的暗示性语言"我不会失败""我不能失败""我不能考砸了""我不能生病""我不能自卑"等改为"我一定会成功的""我一定能考好""我很健康""我很自信"等积极的语言。

  总之，无论遇到什么事，我们不要让消极暗示有机可乘。要拒绝受控，一旦看到那些负面的消极的暗示袭来，就要马上自我保护，提醒自己不能被它影响，这样你便能歼灭内心出现的消极心态。

"酸葡萄心理"是一种积极的心理暗示

世上并没有什么准确的预言,有时候,预言成了真,只不过是心理暗示的作用。在面对生活时,要学会分清积极的心理暗示和消极的心理暗示。因为积极的暗示可以使生活变得阳光,使人更加自信,成功也来得更快,而消极的心理暗示所起的作用正好相反。所以在生活中,要学会多多使用积极的心理暗示,以此使自己在生活中游刃有余。

在很小的时候,小丽曾从高处摔下来过,从那以后,她就再也不敢站在高处往下跳了。这一次,老师为了让同学们学好跳水,特意将同学们带到市里的跳水训练馆。

在课堂上,同学们都在练习跳水,而且都很勇敢,从高达二米的跳台上往下跳,顺利地完成了任务,只有小丽躲在角落里瑟瑟发抖。

其实,小丽表现得也很好,她以完美的动作从一米、两米的跳台上跳下,可是到了三米的时候,她退缩了。站在三米跳台板上,她顿时心跳加速,眼睛也不敢往下看,尤其当全班同学都完成了三米跳水的时候,她更害怕了。

这时候,老师走到小丽的身边说:"小丽,老师相信你一定可以的,只要试着对自己说'我一定行',你就一定会成功。"小丽抬起头担忧地看着老师,老师又说:"相信你自己!"这时候,小丽站起来,走到了三米跳台板上。

站在三米跳台板上,小丽还是很胆怯,她不敢往下看,也不敢往前走。这时候,老师大声对小丽说:"小丽你是最棒的,你一定可以的!"小丽也小声地对自己说:"小丽,你是最勇敢的,你一定可以漂亮地完成这个任务。"说完,她长长地舒了一口气,一闭眼,以一个完美的姿态跳入水中,旁边响起了一阵热烈的掌声。

在这个事例中,小丽就是运用了积极的心理暗示,才使自己战胜胆怯,勇敢地跳入水中。其实,生活中的每个人都不可能逃避心理暗示对自己的影响。所以,很多时候,我们面对问题,需要学会抵制不好的心理暗示,运用积极的心理暗示,让自己以最佳的心理状态乐观地面对生活。

在平时的生活中,我们也许会有这样的经历。假期到了,本来计划去旅游,可是领导却通知要培训。这时,很多人就会想:"真讨厌!假期也不让人休息。"就是在这样的心理暗示下,不但没有过好假期,就连培训课上也没有学到什么。其实这时候，如果你能够这样想"培训是一次学习的机会，不可错过，旅游可以以后再去"，那你就会快乐很多。

所以，积极的心理暗示不仅可以使人获得好的心情，而且能让自己更加精神饱满地去做事。很多时候，人们在这种积极心理暗示的促进下，会让自己的生活"芝麻开花节节高"，变得越来越好。

积极的心理暗示，让你以崭新的姿态迎接美好生活

每个人都会遇到这样或那样的挫折和不愉快，如果你在面对这些的时候，总是告诉自己"我不行，我做不好"，那么即使你去做了，也一样会失败。也许有人不明白这种情况的原因，其实，这就是自己给自己进行的消极心理暗示正在起作用。

如果你总是以"屋漏偏逢连夜雨"这样的消极心理暗示来暗示自己，往往就会给自己带来巨大的压力，有时甚至会让人失去自我。消极的心理暗示是生活中的"垃圾"，它不但不会减轻心中的压力，反而会成为心中的沉重枷锁。所以在社交过程中，一定要学会克服那些消极的心理暗示，让自己以崭新的姿态迎接美好的生活。

一天，一个年轻人来到一处地势险恶的峡谷，涧底奔腾着湍急的水流，深不见底，只有几根锈迹斑斑、颤悠悠的铁索横亘在悬崖峭壁之间，那是唯一能到达对岸的路径。想要走到峡谷对面，就一定要通过这根铁索。

刚开始，这位年轻人看着桥下深不见底的峡谷，听着奔腾咆哮的江水，心中有点紧张。可是因为自己非过峡谷不可，所以他硬着头皮慢慢地前进。

在走到铁索中间的时候，他低头往下看，突然发现，下面的江水比他在峡谷边看到的还要汹涌咆哮，而且那条晃晃悠悠的铁索似乎时刻都有往下坠的可能。面对这种境况，这个年轻人的脑海中出现了一个声音："这个峡谷死了很多人，他们都是从这条铁索上掉下去的！"这句话一遍又一遍地在他的耳边回响。

这时候，他开始想象自己从铁索上掉下去的场景，想到这里，他的双腿开始颤抖，而且他觉得自己走不到峡谷对面，一定会从这条铁索上掉下去。他在心里默默地说："完了，我完了，我这次就要死在这里了！"越想越害怕，于是他想回头。

他慢慢地转过身，想让自己尽可能保持平衡，这时候，他嘴里还在默默地说："掉下去就死定了！"就在这样的消极心理暗示下，他的心理压力越来越大，在转过身的一瞬间，一紧张，从铁索上掉了下去。

这位年轻人本可以平安地从铁索上走到峡谷对面，可是就在他走到一半的时候，看到咆哮的江水，深不见底的峡谷，心里开始紧张，总是暗示自己掉下铁索的惨状。就是在这种消极心理暗示的作用下,他最终失足坠入峡谷。

心理暗示是一种启示、提醒和指令,它能支配、影响一个人的行为。同样,心理暗示也具有难以预测的力量,一个人可以通过积极的心理暗示,把成功的信念灌输到潜意识的沃土上。相反,如果给自己灌输的是消极暗示,那就会在这种潜意识的催促下不自觉地走向失败。

生活中,不管什么事情,我们能做的也只不过是脚踏实地"低头耕耘"而已。所以,在面对困难艰险的时候,不要怀疑自己的能力,同样也不要给自己戴高帽子,要在合适的时候运用心理暗示的方法,让自己找到信心的支柱。

调整心态，以好的精神面貌应对困难

在我们的生活中，多多少少都会遇到困难，很多人在面对困难的时候，会被困难吓倒。其实，不管是在生活的困境中还是在工作的挫折中，最大的困难并不来自那些摆在面前的难题，而是来自我们的内心。

现在的社会，竞争压力越来越大，人们的生活压力也随之增大，很多人一旦遇到自己解决不了的难题，就会自怨自艾。面对这种境遇，我们更要及时地进行自我调节，以此让自己的精神状态保持在最好的水平上。其实，越是在困难面前，我们越要学会调整自己的心态。

在对自己进行自我调节的时候，要时刻运用心理暗示的方法提醒自己。尤其是在面对困难的时候，要时常暗示自己"别让困难在心中放大"，以这种方法激励自己保持好的精神面貌，应对一切困难。

琼斯是新闻专业的学生，他在学校里对自己专业的兴趣并不大，所以大学所修的课程也就是马马虎虎及格而已。大学毕业后，琼斯不想从事新闻行业，他打算找别的工作，可是毕业后，他参加了很多面试和招聘，都被人家以专业不符而拒绝了。

无奈之下，他只好参加了当地报社的招聘，最后考入了当地的《明星报》担任记者。虽然不喜欢这份职业，但为了生存，琼斯还是接受了。因为他明白，现在的就业压力很大，有很多人对他这份工作还求之不得呢。

第一天上班，上司就交给琼斯一个任务：采访大法官布兰代斯。当琼斯听到这个人名时，并不是欣喜若狂，反而是愁眉苦脸。因为布兰代斯是一个很有名气的人物，而琼斯任职的报纸并不是当地的一流大报，更困难的是，琼斯只是一名刚刚出道、名不见经传的小记者，以这样的身份去采访这位大法官，他的请求怎么可能被接受呢？

周围的同事们看到琼斯刚来上班，领导就交给他一项这么重要的任务，看来上司很器重他，对此，同事们都很羡慕。可琼斯不这么想，他觉得上司在故意刁难他。

听着同事们对自己的奉承，琼斯心里更害怕了，怕自己完不成这项任务。他越想越害怕，最后甚至觉得自己根本就不是当记者的料。这时候，琼斯的同事史蒂芬在获悉了琼斯的苦恼后说："我很理解你。你现在就好比躲在阴暗的房子里，想象外面阳光多么炎热。其实外面究竟如何，最简单有效的办法就是跨出一步看看。"

听完史蒂芬的话,琼斯明白了:"你把困难想象得有多大,困难就会变成多大。"他决定先跟布兰代斯的秘书联系,于是,他拨通了对方的电话,直接向对方说出了自己的要求,他就这样成功地约到了对布兰代斯的采访。

自此以后,琼斯在工作中不管遇到多大的困难,都会时常暗示自己:"别让困难在心中放大。"在这种心理暗示下,琼斯总是能够在面对困难时很好地调整自己,也总是能够以最积极的心态面对工作和生活。多年以后,昔日羞怯的琼斯成为了《明星报》的台柱记者。

我们不可以让想象中的困难吓倒自己。就像琼斯一样,他在刚开始面对上司交给自己的艰难任务时,总是胡思乱想,甚至怀疑自己。后来,经过同事的开导,他明白了:"在困难面前,你越是害怕,那困难就会越大。"

在明白了这个道理之后,他开始进行自我调节,而且会时常暗示自己:"别让困难在心中放大。"用这种心理暗示的方法调整自己,可以把自己的精神面貌调整到最好,使自己更有信心去战胜困难。

很多人不管是在生活还是在工作中,做事情还是处理问题，总是瞻前顾后，越是害怕就越是不敢去做。其实在面对困难时，我们要学会单刀直入，很多事情开始很不容易解决，但只要你戳中要害，就一定可以顺利解决。

你把自己想象成怎样，你就会有怎样的方向

我们都很清楚，对一件事情，如果从不同的角度看，往往就会有不同的结果。俗话说，积极的人像太阳，照到哪里哪里亮；消极的人像月亮，初一、十五不一样。很多事情都具有不同的面孔，它们在你的眼里是什么样子的，很大程度上取决于你对它们的主观看法。面对这种情况，很多人在做事时，会将自己想象成一个成功者，最后他就会很自然地拥有成功，其实这就是心理暗示的作用。

那些积极的心理暗示可以帮助你稳定情绪，树立自信，并提高战胜困难和挫折的勇气。也就是因为这个原因，我们在生活中，当面对困难或是不幸的时候，要及时对自己进行心理调节，在调节的过程中要多给自己一点积极的心理暗示，因为我们都明白，在生活中"你把自己想象成怎样，你就会给心一个怎样的方向"。

也许很多人不是很熟悉巴雷尼，但是他面对困难时的勇气却值得我们每一个人钦佩和学习。

巴雷尼在小时候,因为患了一场大病,成了残疾人。母亲看着孩子的残疾,心像刀绞一样,但是她知道,孩子现在最需要的是鼓励和帮助,而不是她的眼泪。

于是,母亲来到巴雷尼的病床前,拉着他的手说:"孩子,妈妈相信你是个有志气的人,不会被这点小困难吓倒,你一定可以用自己的双腿,在人生的道路上勇敢地走下去,对吗?"

听完妈妈的话,巴雷尼"哇"的一声,扑到母亲怀里大哭起来。这时候,妈妈又说:"巴雷尼,如果你把自己当成一个懦弱的人,那你这辈子都会变得懦弱,可是如果你把自己当成一个生活的强者,那即使遇到再大的困难,你也可以勇敢面对。"巴雷尼抬起头看看妈妈,擦干了脸上的泪水,坚定地向妈妈点了点头。

妈妈的这些话,就像铁锤一样撞击着他的心扉,如果他不能够坚强起来,妈妈会更加伤心。

从那以后,妈妈经常陪巴雷尼练习走路或是做体操。由于残疾,他常常会累得满头大汗。无论遇到多么大的艰难和障碍,他都会告诉自己:"我把自己当成一个生活的强者,这样我才会更有信心和勇气去战胜困难。"

有一次,妈妈得了重感冒,尽管发着高烧,她还是坚持下床按计划帮助巴雷尼练习走路。虽然巴雷尼当时只是个小孩,但看到疲惫不堪的妈妈，他咬咬牙，然后在心里默默地暗示自己："把自己当成强者，给自己的心一个正确的方向。"在这种心理暗示下，巴雷尼坚强地面对了一切困难，最后成功地考入了大学。最后，他登上了诺贝尔医学奖的领奖台。

康复训练弥补了残疾给巴雷尼带来的不便，而母亲的榜样作用更是深深地教育了巴雷尼。巴雷尼终于经受住了命运给他的严酷打击，以优异的成绩考进了维也纳大学医学院。

在生活中，我们面对挫折，不应该畏惧退缩；面对困难，我们的心也不应该感到疲惫、失意。纵观古今中外，凡是有所建树的人，哪一个不是在挫折面前经受住了考验，而铸造出了辉煌的人生？重要的是，我们在面对困难和挫折的时候，要时刻暗示自己告诉自己一定会成功。

心门的钥匙掌握在我们自己手中

很多时候，打败我们的不是别人，而是我们自己。在人生的旅程中，每个人都难免遇到困难，甚至有的时候这些困难看起来不可逾越。在这种情况下，能否战胜困难并非取决于外界的天时地利，而是取决于我们是否有战胜困难的意志。

打开心门对生活中的很多事情都效果显著。在这个世界上，每个人都追求成功，然而，在通往成功的路上，他们或者是还没出发就先放弃，或者是倒在路途中。究其原因，是他们在追求成功的过程中没有经受住失败的考验。对很多人来说，失败就是心里的坎，他们没有能力承受失败。然而，谁的成功不是在经历很多次失败之后呢？要想成功，首先要打开心门，拥抱失败。只要我们心里抱着积极的态度，不抱怨不气馁，失败就会成为我们进步的阶梯。每个人的心里都有一扇门，只有打开这扇门，才能敞开心扉，拥抱生活的喜乐悲苦。遇到生活的变故时，人们常常抱怨命运的不公平，抱怨身边的亲人朋友，实际上，你心门的钥匙掌握在你自己手里。影响你命运的不是外界的各种人和事，而是你的内心。

第八章 利用心理暗示的力量，自动将负面暗示关在门外

李阿姨54岁了，她原本计划好退休之后和老伴一起环游世界，不想，老伴突发心肌梗死，离她而去了。李阿姨痛不欲生，为此，孩子们整日整夜地守着她、开导她。李阿姨在家躺了一个月之后，勉强支撑着去上班了。这一年的时间里，因为工作上比较忙碌，虽然她想起老伴还是忍不住掉泪，但还是磕磕绊绊地过去了。一年之后，李阿姨退休了。看着冷冷清清的家，她的心情糟糕到了极点，她又产生了厌世的念头。儿女们都已经长大，各自成家，有了自己的生活。虽然每到节假日他们就拖家带口地来陪伴李阿姨，可李阿姨还是觉得空虚寂寞，生活了无乐趣。

退休没多久，李阿姨就得了严重的抑郁症，并且有严重的自杀倾向。为了照顾妈妈，女儿辞去了好好的工作，带着孩子搬来和李阿姨一起住。看着女儿整日忙前忙后，还不得不和女婿两地分居，李阿姨很不忍心。她劝女儿搬回家去住，否则时间久了，夫妻感情容易淡漠，女儿却说宁愿离婚，也不会扔下妈妈。李阿姨想了很久，觉得不能再拖累女儿了。因此，她和女儿商量着要报团旅游。和兄弟姐妹们商量之后，女儿给她报了一个豪华游，历时一个月，走了大半个中国。从来没出过远门的李阿姨跟着旅游团出发了，在旅游团里，她认识了很多同龄人，玩得很开心。这是一个老年团，有很多老人都是单身一人。他们和李阿姨相互劝慰，再加上导游的贴心陪伴，李阿姨

想明白了：生活总要继续，不能拖累孩子。

回家之后，李阿姨一改往日的消沉，她给自己报名参加了老年大学的书法班、插花艺术班。渐渐地，她的生活再次走上正轨，每天都非常充实且有规律。看到妈妈的改变，女儿高兴极了。一个月之后，她放心地带着孩子搬回家了。

李阿姨之所以能有如此大的改变，就是因为她打开了自己的心门。如果不是她自己想明白了该如何生活，不管别人再怎么劝说和安慰，也是于事无补的。朋友们，每个人在生活中都难免遇到为难的事情，这种情况下，我们一定要摆正心态，唯有如此，才会战胜困难，才能在人生的道路上继续前行。

心门的钥匙掌握在我们自己手中，所以，是否打开心门完全取决于我们自己。内心脆弱消沉，遇到小小的困难就放弃，当然会陷入生活的低谷。拥有一颗积极乐观的心，即使遇到再大的困难，也能够战胜困难，继续前行。人生不可能一帆风顺，唯有积极面对，才能勇往直前。

参考文献

[1] 榎本博明.酸葡萄效应[M].陈雅婷，译.天津：天津人民出版社，2019.

[2] 江一波.酸葡萄甜柠檬心理学[M].哈尔滨：哈尔滨出版社，2009.

[3] 墨羽.受益一生的心理学效应[M].北京：中国商业出版社，2019.

[4] 舒娅.心理学入门：简单有趣的99个心理学知识[M].北京：中国纺织出版社，2018.